myBook+

Ihr Portal für alle Online-Materialien zum Buch!

Arbeitshilfen, die über ein normales Buch hinaus eine digitale Dimension eröffnen. Je nach Thema Vorlagen, Informationsgrafiken, Tutorials, Videos oder speziell entwickelte Rechner – all das bietet Ihnen die Plattform myBook+.

Ein neues Leseerlebnis

Lesen Sie Ihr Buch online im Browser – geräteunabhängig und ohne Download!

Und so einfach geht's:

- Gehen Sie auf **https://mybookplus.de**, registrieren Sie sich und geben Sie Ihren Buchcode ein, um auf die Online-Materialien Ihres Buches zu gelangen
- **Ihren individuellen Buchcode finden Sie am Buchende**

Wir wünschen Ihnen viel Spaß mit myBook+!

Happiness at Work – Der essenzielle Faktor für Unternehmenserfolg

Selma Fehrmann

Happiness at Work – Der essenzielle Faktor für Unternehmenserfolg

1. Auflage

Haufe Group
Freiburg · München · Stuttgart

Bibliografische Information der Deutschen Nationalbibliothek

Die Deutsche Nationalbibliothek verzeichnet diese Publikation in der Deutschen Nationalbibliografie; detaillierte bibliografische Daten sind im Internet über http://dnb.dnb.de/ abrufbar.

Print:	ISBN 978-3-648-15858-6	Bestell-Nr. 14155-0001
ePub:	ISBN 978-3-648-15859-3	Bestell-Nr. 14155-0100
ePDF:	ISBN 978-3-648-15860-9	Bestell-Nr. 14155-0150

Selma Fehrmann
Happiness at Work – Der essenzielle Faktor für Unternehmenserfolg
1. Auflage, April 2024

www.haufe.de
info@haufe.de

Bildnachweis (Cover): © Selma Fehrmann

Produktmanagement: Dr. Bernhard Landkammer
Lektorat: Ulrich Leinz

Voor de mannen in mijn leven die dagelijks bijdragen aan mijn geluk: Holger, Jasper, Onno & Bodi

Voor mijn ouders Wim & Jitske, mijn voorbeelden voor werkgeluk. Het leven is te kort om ongelukkig op het werk te zijn.

Inhaltsverzeichnis

Seit vielen Jahren beschäftige ich mich wissenschaftlich und als Beraterin mit dem Thema Glück und Arbeit. Das Kernproblem ist, dass Menschen nicht wissen, wie Glück funktioniert. Dieses Buch hilft enorm, das Verständnis für die Gestaltbarkeit von Glück bei der Arbeit zu fördern. Großartig!

Prof. Dr. Ricarda Rehwaldt, Professorin für Psychologie & Gründerin der HappinessandWork-Akademie

Germany is known for many great things around the world, but happiness isn't one of them. Yet! If enough people read Selma's amazing book and follow her practical advice, then many more Germans could love their jobs and many more German workplaces could be happier and more successful.

Alexander Kjerulf, Chief Happiness Officer of Woohoo Inc.

Happiness at Work müsste der Nr. 1 Wert in jedem Unternehmen sein, ist es aber leider oft gar nicht. Selma erläutert in ihrem großartigen Buch, weshalb Happiness at Work kein »nice to have« ist, sondern essenziell für alle Unternehmen und Organisationen, die langfristig bestehende MitarbeiterInnen binden und künftige Fachkräfte anziehen wollen. Die Inhalte des Buches sind ein absolutes »must have«!

Smaro Sideri, Fachanwältin für Arbeitsrecht und Podcasthost »Attraktive Arbeitgeber«

Es wird Zeit, den Begriff »Happiness at Work« aus der esoterischen Ecke zu holen. Dieses Buch ist für alle, die für die Themen Leadership, Culture, People und Self-Awareness brennen, die sich und andere weiterentwickeln wollen.

Philipp Aye, langjährige Führungskraft, Robert Bosch

Selma's exploration of workplace happiness is a refreshing and enlightening journey that transcends borders. Through insightful conversations with scientists and business leaders, she offers a tapestry of global perspectives that inspire positive change in the world of work. This book is a must-read for anyone seeking to prioritize people's well-being and reshape the future of work, making it a valuable addition to the international discourse on workplace happiness.

Céline Lustig, Senior Corporate Happiness Expert at 2DAYSMOOD

Vorwort

Meine Leidenschaft für Arbeitsglück hat ihre Wurzeln in meiner Jugend. Von meinen Eltern lernte ich, dass Arbeit mehr als ein Mittel zum Lebensunterhalt ist – sie kann eine Quelle der Erfüllung sein. Meine Mutter, Grundschullehrerin, wagte mit 50 Jahren einen beruflichen Neuanfang und arbeitete bis zu ihrem Ruhestand voller Hingabe am Check-in-Schalter am Flughafen. Selbst jetzt, im Alter von 72 Jahren, hat sie mich mit ihrer Begeisterung angesteckt, indem sie mir erzählte, dass sie sich erneut für einen Job entschieden hat – diesmal als »Health Angel«, um Kinder in Schulen über gesunde Ernährung aufzuklären. Mein Vater strebte nie die klassische Karriereleiter nach Status an. Er verließ seine Führungsposition in einem Großkonzern, als er sich nicht mehr mit der Unternehmenskultur identifizieren konnte. Stattdessen entschied er sich für eine Anstellung in einem mittelständischen Unternehmen, weil er eine Arbeit wollte, in der er mehr bewirken konnte. Später wechselte er zu einem Start-up, weil er an das Produkt dieses jungen Unternehmens glaubte. Er lebte vor, dass Glücklichsein im Job zum Lebensglück beiträgt. Ich bin dankbar, dass er das getan hat. Leider verstarb er 2016 unerwartet, nur wenige Monate nach seinem Eintritt in den Ruhestand.

Wir verbringen den Großteil unseres Erwachsenenlebens bei der Arbeit und das Leben ist zu kurz, um bei der Arbeit unglücklich zu sein. Als Organisationspsychologin ist es meine persönliche Mission geworden, zu einer Welt beizutragen, in der positive Arbeitsumgebungen und Glück bei der Arbeit die Norm sind. Während meiner beruflichen Laufbahn hatte ich die Gelegenheit, positive Unternehmenskulturen in verschiedenen Organisationen und Ländern sowohl zu erleben als auch aktiv zu fördern. Gleichzeitig habe ich auch Negativbeispiele erlebt und gesehen, welchen enormen Unterschied es für die Zusammenarbeit und den Erfolg eines Unternehmens macht, wenn die Mitarbeiter glücklich sind.

Dieses Buch ist eine Einladung an dich, liebe Leserin, lieber Leser, dich bewusst für Arbeitsglück zu entscheiden, mit positivem Beispiel voranzugehen und dadurch aktiv zu einer verbesserten Arbeitswelt beizutragen.

Viel Spaß beim Lesen! Mit Herz und Freude,
Selma

PS: In meinem Buch verzichte ich auf unterschiedliche Formen für männliche und weibliche Personen, um die Lesbarkeit zu verbessern. Alle verwendeten Begriffe sind geschlechtsneutral und gelten für Personen aller Geschlechter.

Was dieses Buch dir bietet

Experteninterviews

In diesem Buch teile ich nicht nur mein Wissen und meine Erfahrungen, sondern auch die Erkenntnisse und Erfahrungen von inspirierenden Persönlichkeiten aus den Bereichen Wissenschaft, Führung, Personalwesen und Change Management.

Unternehmensbeispiele

Möchtest du erfahren, wie andere Unternehmen das Arbeitsglück fördern? Bei diesem Symbol findest du inspirierende Fallbeispiele von Pionier-Unternehmen und HR-Start-ups aus der DACH-Region und Europa.

Selbstreflexion

Möchtest du wissen, wie du dein eigenes Glück bei der Arbeit beeinflusst? Möchtest du glücklicher im Job sein? In Textboxen, die mit diesem Symbol markiert sind, findest du evidenzbasierte Anregungen für Selbstreflexion und konkrete Tipps zur Umsetzung.

Tipps

Möchtest du sofort in deinem Team durchstarten? Praktische Tipps zur direkten Umsetzung in Teams und Führungssituationen findest du in Textboxen mit diesem Symbol.

Praktische Werkzeuge

Benötigst du Tools zur Unterstützung? Verschiedene evidenzbasierte und praxiserprobte Vorlagen und Methoden findest du bei diesem Symbol. Die Tools können beispielsweise in Teamgesprächen, Veränderungsinitiativen oder der Mitarbeiterentwicklung eingesetzt werden. Mit den abgebildeten QR-Codes kannst du die Tools sofort herunterladen und nutzen.

Prolog

Es war 8:30 Uhr an einem typischen Donnerstagmorgen in Dubai Anfang 2016. Ich saß in meinem Auto auf dem Weg zur Arbeit von unserer Wohnung in der Dubai Marina zu den Emirates Towers im Dubai International Financial Center. Die 12-spurige Sheikh-Zayed-Road war wie immer überfüllt, und der Asphalt glühte bereits in der Morgenhitze. Wie jeden Tag verursachten die 200 verschiedenen Nationalitäten – und damit 200 verschiedenen Verkehrsregeln – auf der Hauptverkehrsader der Stadt ein interkulturelles Durcheinander. Auf dem Radiosender Dubai 92 kündigte das Moderatorenpaar Catboy und Alecia den Song »Happy« von Pharell Williams an. Meine Gedanken schweiften zum bevorstehenden Arbeitstag.

Wenige Tage zuvor war in den lokalen und internationalen Medien die Ernennung des ersten Staatsministers für »Happiness and Wellbeing« in den Vereinigten Arabischen Emiraten angekündigt worden. Das Ministerium erhielt den Auftrag, die Prinzipien eines positiven Lebensstils und des Wohlbefindens sowohl im öffentlichen Raum als auch an den Arbeitsplätzen in staatlichen Einrichtungen und im privaten Sektor zu fördern. Als Mitglied des HR-Teams im strategischen Zentrum der Regierung der Vereinigten Arabischen Emirate war es unsere Aufgabe, das Glück und Wohlbefinden unserer Mitarbeiter verstärkt in den Fokus zu rücken. Eine äußerst spannende und sinnstiftende Aufgabe, wie ich fand.

Ich freute mich auf meinen Arbeitstag. Gemeinsam mit einem meiner Kollegen würde ich den Geschäftsführer des Rochester Institute of Technology treffen, um über den neuen Masterstudiengang »Corporate and Customer Happiness« zu sprechen. Die Regierung plante, mit diesem Programm Botschafter für Glück und Wohlbefinden am Arbeitsplatz auszubilden, und heute sollten wir mehr darüber erfahren. Anschließend stand ein strategisches Meeting zur Entwicklung eines neuen Performance Management Systems für die Organisation auf dem Programm. Später hatte ich mich mit meinen HR-Kollegen zum Mittagessen verabredet, und am Nachmittag waren zwei Coaching-Sessions mit Kollegen geplant. Der Gedanke an diese vielfältige Mischung aus Lernen, Raum für Innovationen, Spaß mit meinen Kollegen und Unterstützung bei ihrer Entwicklung erfüllte mich mit Energie.

Als ich die Ausfahrt 51 in Richtung Al Boursa Street nahm, steuerte ich auf die beeindruckenden Emirates Towers zu, die stolz und ikonisch in der Morgensonne leuchteten. Auch heute Morgen waren die wilden Pfaue wieder da und sorgten für einen kleinen Stau auf der ansonsten ruhigen Straße um die Türme herum. Ich fuhr mein Auto in die Parkgarage und ging an den großen Wüsten-Jeeps vorbei zu den Rolltreppen, die mich nach oben brachten. Im majestätischen Foyer wimmelte es von Männern und Frauen in Kanduras und Abayas, während das riesige Blumenarrangement in der Mitte des Raumes einen intensiven und süßen Duft verbreitete. Ich stieg in den Aufzug, der mich zu meinem Büro im 38sten Stock brachte.

Oben angekommen, wurde ich von dem breiten Lächeln unseres Kollegen an der Rezeption begrüßt. »Sabah al-khayr, Selma!«, begrüßte er mich in seiner freundlichen Art. Voller positiver Energie betrat ich das Personalbüro und wurde von einigen meiner netten und aufgeschlossenen Kollegen herzlich begrüßt. Als ich mich an meinen Schreibtisch setzte, durchzog mich der Gedanke: Wenn ich »Happiness at Work« für mich definieren müsste, wäre mein aktueller Job die Antwort.

Teil 1: Grundlagen

Happiness at Work, Arbeitsglück, Glücklichsein im Job, Happiness im Business, Corporate Happiness – die Suche nach einem passenden Titel für dieses Buch erforderte einige Überlegungen und Reflexionen. Da es für das Wort »Happiness« keine überzeugende deutsche Übersetzung gibt, habe ich mich dafür entschieden, »Happiness at Work« als Titel zu verwenden und im Buch den Begriff zu erklären.

Das Buch startet mit einer Einführung in den Begriff »Happiness«. Es folgen Erläuterungen zur Positiven Psychologie und Glücksforschung und einer Definition von Happiness at Work. Die zentralen Fragen dabei sind:

- Was ist Happiness at Work? Und was nicht?
- Was macht bei der Arbeit glücklich?
- Wie unterscheidet sich Zufriedenheit im Job von Glücklichsein im Job?
- Und ist Happiness at Work messbar?

Abschließend wird im ersten Teil die essenzielle Rolle von »Happiness at Work« für den Unternehmenserfolg beleuchtet. Die Fragen dazu lauten:

- Wie wichtig ist Happiness für unsere Arbeit?
- Welche Vorteile haben Unternehmen mit glücklichen Mitarbeitern?

Anhand verschiedener Studien zeige ich, warum jedes Unternehmen das Glück ihrer Mitarbeiter priorisieren soll. Bist du bereit? Tauchen wir ein!

1 Happiness

Die Zeit ist unser wertvollstes Gut im Leben, und einen erheblichen Teil dieser Zeit investieren wir in unsere berufliche Tätigkeit. Wenn unsere Arbeit uns nicht glücklich macht, sollten wir darüber nachdenken, welche Veränderungen erforderlich sind, um Glück und Zufriedenheit zu erreichen. Ich bin zutiefst davon überzeugt, dass Glück kein Zufall ist, sondern ein Zustand, den wir aktiv beeinflussen können, insbesondere in Bezug auf unsere Arbeit.

Björn Wind, CEO & Gründer, voiio GmbH

1.1 Wie wir Glück begreifen

Oft wird das Wort »Happiness« mit Wohlbefinden oder Lebenszufriedenheit übersetzt und meint damit das Gefühl, dass das eigene Leben gut, sinnvoll und wertvoll ist. Aber was ist Happiness genau? Happiness ist ein Gefühl. Es ist das subjektive Erfahren von Freude, Erfüllung, Zufriedenheit oder positivem Wohlbefinden und kann nur aus der Perspektive der Person selbst definiert werden. Deswegen gibt es keine einheitliche Definition des Begriffes, und es wird häufig vom »subjektiven Wohlbefinden« gesprochen (Seligman & Csikszentmihályi, 2000; Diener, 2000). Neben Happiness werde ich in diesem Buch daher auch das Wort »Wohlbefinden« benutzen – und synonym auch die Wörter »Glück« oder »Glücklichsein«.

Tatsächlich gibt es in der deutschen Sprache unterschiedliche Vorstellungen von dem, was Glück ist. Es gibt verschiedenen Auffassungen, die mit dem Wort Glück verbunden sind:

Zufallsglück (auf Englisch »Luck«): Dieses Glück bezieht sich auf die unvorhersehbaren, glücklichen Ereignisse im Leben, die scheinbar ohne eigenes Zutun eintreten. Es umfasst Situationen, die oft als »Glücksfall« oder »zufälliges Glück« betrachtet werden. Beispiele sind unerwartete positive Wendungen im Leben, glückliche Begegnungen oder glückliche Umstände, die außerhalb unserer Kontrolle liegen und wenig beeinflussbar sind.

Freude oder Glücksmomente (auf Englisch »Joy«): Dieses Glück bezieht sich auf das Ergebnis von angenehmen Sinneseindrücken und Freuden und wird auch als hedonistisches Glück bezeichnet. Dabei stehen das Streben nach Vergnügen und das Vermeiden von Schmerz im Mittelpunkt. Beispiele sind das Genießen von leckerem Essen, das Hören der Lieblingsmusik oder das Erleben von schönen Momenten in der Natur. Im Job-Kontext könnte es eine Gehaltserhöhung, ein neuer Jobtitel oder eine Beförderung sein. Diese Art von Glück ist oft kurzfristig und auf die Befriedigung momentaner Bedürfnisse ausgerichtet. Wenn ich es erreicht habe, verschwindet das positive Gefühl irgendwann wieder.

Glück der Fülle oder Lebensglück (auf Englisch »Well-being«): Dieses Glück bezeichnet ein langanhaltendes Erleben von Glück. Es geht um ein erfülltes und sinnvolles Leben, in dem man seine eigenen Fähigkeiten entfaltet und zu einer positiven Gemeinschaft beiträgt. Persönliches Wachstum, Selbstverwirklichung und die Erfüllung moralischer Werte spielen beim Erfahren dieses Glücks eine wichtige Rolle. Ein Beispiel dafür ist eine berufliche Tätigkeit, die nicht nur finanzielle Sicherheit bietet, sondern auch persönliche Erfüllung und einen Beitrag zur Gesellschaft ermöglicht.

Wenn ich im Buch die Begriffe »Arbeitsglück«, »Glücklichsein im Job« oder »Glück am Arbeitsplatz« benutze, meine ich also mehr als nur Freude bei der Arbeit oder Spaß im Arbeitsalltag. Bei Arbeitsglück gehe ich von »Glück der Fülle« aus. Was dieses Gefühl genau unterstützt und welche Faktoren dabei eine entscheidende Rolle spielen, liest du in Kapitel 2.

1.2 Glücksforschung und Positive Psychologie

Happiness, Lebensglück oder Glückseligkeit beschäftigt Menschen seit Jahrhunderten. Dabei ist der Aufstieg der Glücksforschung und der Positiven Psychologie eine spannende Entwicklung. Die Grundlagen der Glücksforschung wurden in verschiedenen historischen Perioden gelegt und die Forschung erreichte ihre Höhepunkte zu Zeiten der antiken griechischen Philosophie und dann viel später in der Aufklärung im 18. Jahrhundert.

Denker wie Sokrates, Platon und Aristoteles prägten das Verständnis des »echten Glücks« durch die eigene Perspektive. Sie betonten die Bedeutung von Selbsterkenntnis, Wissen, Gerechtigkeit, Vernunft, Integrität und sozialer Interaktion in der Definition von Lebensglück.

Im 18. Jahrhundert erlebte die Glücksforschung eine weitere Entwicklung als englische Philosophen wie John Stuart Mill und Jeremy Bentham sich mit Glück und Moral beschäftigten. Sie argumentierten, dass eine Handlung als moralisch richtig betrachtet wird, wenn sie das größte Glück oder den größten Nutzen für die meisten Menschen bringt. Bentham definierte Glück als die Summe von Freuden und Schmerzen (Veenhoven, 2017).

In der zweiten Hälfte des 20. Jahrhunderts erlebte die Glücksforschung eine bemerkenswerte Wiederbelebung. In den 1960er-Jahren begannen Wissenschaftler, insbesondere in den Bereichen Psychologie und Soziologie, vermehrt zu Wohlbefinden und Lebenszufriedenheit zu forschen. Pioniere wie Abraham Maslow und später Ed Diener, Mihaly Csikszentmihályi und Martin Seligman trugen dazu bei, das Feld systematisch weiterzuentwickeln. Diese Wiederbelebung hält bis heute an, nicht zuletzt durch den Aufstieg der Positiven Psychologie.

Die Positive Psychologie – ein Wissenschaftszweig innerhalb der Psychologie – hat ihren Ursprung in verschiedenen Entwicklungen in den 1990er-Jahren. Ein wichtiger Startpunkt war eine weltweit angelegte Studie von 1992. Diese Studie untersuchte die Häufigkeit schwerer Depressionen in den verschiedenen Generationen des 20. Jahrhunderts. Überraschenderweise zeigte sich, dass trotz des beträchtlichen Wohlstands und der verbesserten Lebensbedingungen, die Wahrscheinlichkeit von Depressionen in der neueren Generation deutlich angestiegen war. Dieser Anstieg wurde als Widerspruch aufgefasst zu den gesellschaftlichen Fortschritten, die der westlichen Welt im letzten Jahrhundert attestiert wurden. Die Forscher stellten fest, dass ein erfülltes Leben weniger oft von äußeren Umständen abhängt, als angenommen. Diese Erkenntnis war ein zentraler Auslöser für die Entstehung der Positiven Psychologie (Weissman, et al, 1992).

Ein bedeutender Moment für die Positive Psychologie war, als Martin Seligman im Jahr 1998 vor der American Psychological Association seine Antrittsrede hielt. In seiner Rede machte er auf eine Schieflage innerhalb der psychologischen Forschung aufmerksam. Bis dato hatten sich Psychologen vor allem mit der Entstehung, Diagnose und Behandlung von Traumata und psychischen Erkrankungen beschäftigt. Dabei hatten sie aus dem Blick verloren, was Menschen aufblühen lässt und was ein glückliches Leben ausmacht. Seligman plädierte für einen ergänzenden Wissenschaftszweig und ein erneutes, ganzheitliches wissenschaftlich gestütztes Menschenbild. Seine Rede wird als Meilenstein für die Verbreitung der Positiven Psychologie betrachtet.

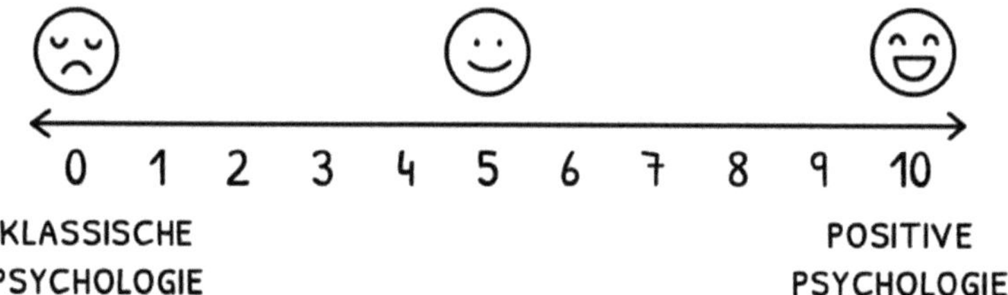

Klassische Psychologie und Positive Psychologie: die Forschung der negativen Aspekte vs. positiven Aspekte des menschlichen Erlebens.

Die Positive Psychologie beschäftigt sich vor allem mit der Frage, was ein erfülltes und glückliches Leben ausmacht. Sie widmet sich den Faktoren und Praktiken, die dazu beitragen, dass Menschen ihr Wohlbefinden steigern, ihre Stärken entfalten, optimal funktionieren und ein sinnvolles Leben führen können. Es geht also darum, positive Aspekte des menschlichen Erlebens zu erforschen und zu fördern.

Zusammengefasst bieten die klassische Psychologie und die Positive Psychologie zwei unterschiedliche Blickwinkel auf das menschliche Erleben. Zusammen helfen sie zu verstehen, wer wir sind und wie wir ein erfülltes Leben führen können. Beide Perspektiven sind wichtig, um ein umfassendes Verständnis der menschlichen Psyche zu entwickeln. Diesem Buch liegen vor allem die Forschungsergebnisse der Positiven Psychologie sowie der Glücksforschung zugrunde.

1.3 Wichtige Ergebnisse der Glücksforschung

Forschungsergebnisse zeigen, dass Happiness auf verschiedene Lebensbereiche einen signifikanten Einfluss hat. Viele Ergebnisse deuten darauf hin, dass Glücklichsein zu einer höheren Lebensqualität und einem insgesamt erfüllteren Leben führen kann (Veenhoven, 2012; Diener & Seligman, 2004). Glückliche Menschen verfügen über mehr Energie, sind kreativer und produktiver. Sie sind kontaktfreudiger und pflegen bessere Beziehungen. Darüber hinaus kann Happiness die mentale Gesundheit fördern. Auch die körperliche Gesundheit wird durch Glück beeinflusst: Glückliche Menschen haben ein stärkeres Immunsystem und eine höhere Lebenserwartung (Diener, 2013; Poursardar, 2012; Lyubomirsky et al., 2005). Es wird deutlich, dass Glück einen enormen Einfluss auf unser Leben und unser allgemeines Wohlbefinden hat. Die Auswirkungen dieser Erkenntnisse für den Arbeitsplatz werden in Kapitel 3 besprochen.

Eine weitere bedeutende Erkenntnis in der Glücksforschung stammt aus der Forschung von Sonja Lyubomirsky und ihrem Team (Kennon & Lyubomirsky, 2007; Lyubormirsky, 2008). Sie fanden heraus, dass unser persönliches Glücksempfinden oder Glücksniveau von drei Faktoren abhängt:

Faktor 1: Genetischer Fixpunkt. 50 Prozent unseres Glücksniveaus wird durch eine genetische Grundlage bestimmt. Jeder Mensch wird mit einem genetischen Fixpunkt für Glücksempfinden geboren. Dieser Fixpunkt ist ein Art Nullpunkt, zu dem wir nach großen Enttäuschungen oder Triumphen wieder zurückkehren.

Faktor 2: Äußere Umstände. Nur 10 Prozent unseres Glücksniveaus lassen sich durch äußere Faktoren und Lebensumstände erklären. Dazu gehören zum Beispiel unser Wohnort, Reichtum, Alter, Äußerlichkeiten, Familienstand und kultureller Herkunft. Aber auch negative Lebensereignisse wie Traumata, Krankheit, Verlust oder positive Erlebnisse wie eine Hochzeit oder ein Lottogewinn sind Beispiele für solche Lebenssituationen. Es wird klar, dass äußere Faktoren nicht der Schlüssel zu unserem Glück sind.

Faktor 3: Bewusstes Verhalten. Etwa 40 Prozent der Unterschiede im Glücksempfinden zwischen zwei Personen entstehen durch das unterschiedliche Handeln und Denken dieser beiden Personen. Durch gezielte Aktivitäten kannst du deine Gedanken und Verhaltensweisen positiv beeinflussen und damit dein persönliches Glücksempfinden verändern.

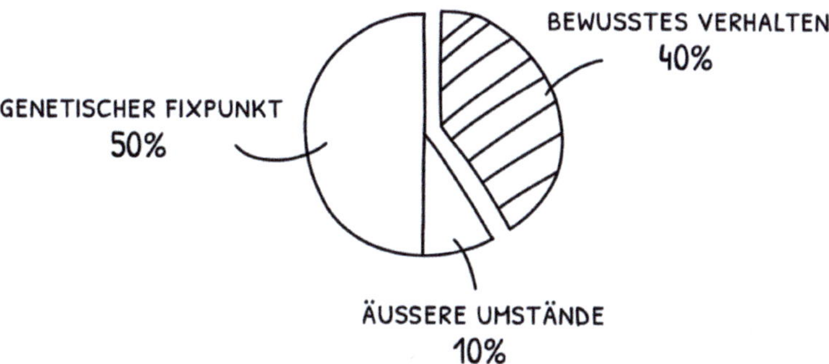

Was beeinflusst Glück? Nach Sonja Lyubomirsky.

Was bedeutet das genau? Die genetische Grundlage für das Glücksempfinden ist stark und unveränderlich. Sie ist in gewisser Weise vergleichbar mit einem Gewichts-Fixpunkt: Manchmal nimmst du etwas zu, manchmal verlierst du ein paar Kilo, aber oft kehrst du zu einem relativ stabilen Gewicht zurück. Nur wenn du dein Verhalten strukturell änderst, kannst du von deinem Gewichts-Fixpunkt abweichen. Genauso ist es mit dem Glücksempfinden.

Das Glücksempfinden durch gezieltes Verhalten beeinflussen

Das persönliche Glücksempfinden kann durch bewusstes Verhalten beeinflusst und verändert werden. Jeder Mensch hat also das Potenzial, sein Glücksempfinden durch gezieltes Verhalten zu beeinflussen. Aber wie? Evidenzbasierte Glücksstrategien werde ich später in diesem Kapitel kurz vorstellen und in den verschiedenen folgenden Kapiteln des Buches im Kontext der Arbeit näher erläutern und konkretisieren.

Fehlannahmen

Bevor wir jedoch auf die Glücksstrategien eingehen, möchte ich aufgrund der Erkenntnisse aus der Glücksforschung zunächst einige verbreitete Überzeugungen über Glück aus dem Weg räumen:

»Das Glück muss gefunden werden«. 40 Prozent unseres Glücks sind von bewussten Denk- und Verhaltensweisen abhängig. Deswegen ist Glück nicht etwas, was wir suchen und finden müssen, denn es liegt in uns selbst. Glück ist eine innere Haltung, wie wir uns selbst und unsere Welt sehen und behandeln.

»Um glücklich zu sein, müssen wir unsere Lebensumstände ändern«. Veränderungen in äußeren Umständen haben nur einen zehnprozentigen Einfluss auf das Glück. Zudem lösen sie oft eine hedonische Anpassung aus – das bedeutet, dass wir nach einer Veränderung im Leben, sei es positiv oder negativ, meistens wieder auf unseren Fixpunkt zurückkehren, da wir uns an die veränderten Lebensumstände anpassen. Nachhaltiges Glück und Wohlbefinden mit unserem Leben resultieren aus unserer Denkweise und unseren Denkmustern.

»Man hat es, oder man hat es eben nicht«. Der genetische Fixpunkt bestimmt 50 Prozent unseres Glücksempfindens, aber wir können im Gegenteil sehr viel tun, um unser genetisches Programm zu beeinflussen.

Eine abschließende Beobachtung, wenn es um Happiness geht: Das Empfinden von Glück wird oft als eine Fähigkeit gesehen, negative Emotionen zu minimieren und zu vermeiden. Schon im 18. Jahrhundert definierte Jeremy Bentham Glück als die Summe von Freuden und Schmerzen. Diese Auffassung wurde durch neuere Forschung in modifizierter Form bestätigt. Denn, wie wir alle wissen, gehören unangenehme Emotionen zum Leben dazu. Doch anstatt negative Emotionen zu vermeiden, besteht Glücklichsein auch in der Fähigkeit, unangenehme Emotionen zu akzeptieren, mit diesen Emotionen umzugehen und von ihnen zu lernen. Wir werden auf dieses Verständnis und den Ansatz im Umgang mit Emotionen in Kapitel 7 »Mindset« wieder zurückkommen.

1.4 Wirksame Glücksstrategien

Welche Eigenschaften, Gedanken und Handlungen zeichnen glückliche Menschen nach wissenschaftlichen Erkenntnissen aus? Was kannst du konkret tun, um dein Glücksniveau zu verbessern?

Sieben Glücksstrategien

Folgende evidenzbasierte Strategien tragen nachweislich zu einem gesteigerten Glücksniveau bei (Lyubormirsky, 2008):

- Dankbarkeit und positives Denken
- In soziale Verbindungen investieren
- Stress, Herausforderungen und Traumata bewältigen lernen
- Im Hier und Jetzt leben
- Persönliche Stärken stärken
- Ziele setzen und verfolgen
- Für Körper und Seele sorgen

In den folgenden Kapiteln dieses Buches werden diese Strategien und ihre praktische Anwendung im persönlichen, sozialen, Führungs- und Unternehmenskontext ausführlich beschrieben.

Glücksempfinden ist subjektiv und individuell

Ein wichtiger Hinweis noch: Da Glücksempfinden subjektiv und individuell ist, sollte Folgendes berücksichtigt werden:

- Alle Strategien erfordern Motivation, Anstrengung und Engagement
- Es gibt nicht die eine magische Strategie, die jede Person glücklicher macht
- Jeder sollte die Strategie wählen, die am besten zu ihm passt

Die richtigen Strategien wählen

Wie kannst du die für dich richtigen Glücksstrategien auswählen? Eine Möglichkeit ist, Strategien nach verschiedenen Kriterien an deine persönlichen Bedürfnisse, Werte oder Interessen anzupassen. Leitfragen könnten sein: Warum fühle ich mich unglücklich? Auf welche Stärken kann ich möglicherweise aufbauen? Oder welche Strategien passen am besten zu meinem Lebensstil?

Eine weitere Möglichkeit herauszufinden, welche Glücksstrategien persönlich am besten zu dir passen, ist die »Person Activity Fit Diagnostic«, eine Umfrage basierend auf den sieben Glücksstrategien, wie sie von Sonja Lyubomirsky (2008) identifiziert wurden. Entdecke hier deine persönlichen Glücksstrategien.

Zusammenfassung

Dieses Buch basiert auf drei einschlägigen Grundprinzipien der Glücksforschung:

1. Happiness ist das subjektive Erfahren von positivem Wohlbefinden und kann nur aus der Perspektive der Person selbst definiert werden.
2. Jeder Mensch trägt das Potenzial in sich, sein eigenes Glück durch gezieltes Verhalten zu beeinflussen und zu gestalten.
3. Es existiert keine universell wirksame Strategie, die bei jeder Person gleichermaßen zu mehr Glück führt.

2 Happiness at Work

Glück und Arbeit sind kompatible Konzepte; glücklicher bei der Arbeit zu sein, ist etwas, das erreichbar ist und woran gearbeitet werden kann. Beachte bitte, dass ich »glücklicher« sage, nicht glücklich. Wir brauchen die Höhen und Tiefen, um geerdet und bewusst zu bleiben, und glücklicher zu sein ist so viel machbarer, als zu denken, dass wir die Verpflichtung haben, jeden Tag glücklich zu sein. Glück bei der Arbeit ist kein unrealistischer Traum.
Oriana Tickell, Director Coaching Programs & Science of Happiness at Work, iOpener Institute

2.1 Was ist Happiness at Work? Und was nicht?

Was ist Happiness at Work? Oder besser gefragt: Was bedeutet Happiness at Work für *dich*? Deine Antwort auf diese Frage ist persönlich und wird wahrscheinlich eine andere sein als die Antwort deiner Kollegen, Partner oder Freunde. Jeder hat eine persönliche Definition für sein eigenes Arbeitsglück. Damit haben wir bereits die erste Antwort auf die Frage identifiziert, was Happiness at Work ist: Arbeitsglück ist das subjektive Erfahren von positivem Wohlbefinden bei der Arbeit und kann nur aus der Perspektive der Person selbst definiert werden.

Ich habe auch die Interviewpartner in diesem Buch gefragt, was Happiness at Work für sie persönlich bedeutet. In Kapitel 12 findest du ihre spannenden und individuellen Antworten dazu. Arbeitsglück ist zwar individuell, jedoch bestätigen unterschiedliche Studien, dass es allgemeine Faktoren gibt, die das Glücklichsein bei der Arbeit nachweislich beeinflussen. Aber bevor ich auf diese Faktoren eingehe, lass uns zuerst schauen, was Arbeitsglück nicht ist.

Was ist Arbeitsglück nicht?

Arbeitsglück ist nicht gleich Arbeitszufriedenheit. Es geht über die bloße Zufriedenheit mit dem Arbeitsplatz und Arbeitsbedingungen hinaus und beinhaltet eine tiefere, persönliche und intrinsische Ebene des Wohlbefindens (siehe Interview mit Ricarda Rehwaldt in Kapitel 2.4 – Ist Happiness at Work messbar?)

Arbeitsglück bedeutet nicht, den ganzen Tag über nur glücklich zu sein. Es ist eher eine dynamische und facettereiche Erfahrung, die sich im Laufe der Zeit entwickelt und verschiedene Emotionen während des Arbeitstages einschließt. Rückschläge und Stress gehören auch dazu. Aber es trägt zum Arbeitsglück bei, in der Lage zu sein, mit negativen Emotionen konstruktiv umzugehen, positive Erwartungen an die Zukunft zu haben und in einer Arbeitsumgebung zu arbeiten in der auch Fehler, Rückschläge und Scheitern zugelassen werden. (Mehr dazu im Kapitel 7.2 – Emotionale Intelligenz.)

Arbeitsglück ist kein Luxus oder nur für bestimmte Jobs oder Branchen ein Ziel. Glücklichsein im Job ist keine unnötige Annehmlichkeit, sondern ein wesentlicher Bestandteil eines gesunden und produktiven Arbeitsumfelds. Ein glücklicher Mitarbeiter ist ein motivierter und engagierter Mitarbeiter. Und das wirkt sich auf die Produktivität aus: Denn Arbeitsglück hilft, das zu erreichen, was für jedes Unternehmen wichtig ist.

Arbeitsglück bedeutet nicht, keinen Arbeitsdruck zu haben. Arbeitsdruck fordert uns heraus. Wenn Arbeitsdruck mit ausreichender Unterstützung durch die Führungskraft und ausreichender Kompetenz, um die Arbeit gut zu machen, einhergeht, lässt uns Arbeitsdruck aufblühen. In einer aktuellen Studie wurde bestätigt, dass Arbeitsdruck zu größerem Flowerlebnis und höherem Engagement führt und sogar einen positiven Einfluss auf das allgemeine Lebensglück hat (Sherman & Shavit, 2023).

Zusammenfassung

Arbeitsglück ist mehr als Arbeitszufriedenheit und umfasst eine tiefere, persönliche Ebene des Wohlbefindens. Es ist ein positiv emotionaler Zustand, der durch intrinsisch motivierte, aktive und selbstbestimmte Tätigkeiten entsteht (Rehwaldt, 2017). Arbeitsglück beinhaltet die konstruktive Bewältigung von Rückschlägen, Stress und Arbeitsdruck und wirkt sich positiv auf Motivation und Engagement aus.

2.2 Was macht bei der Arbeit glücklich?

Wir wissen jetzt, dass jede Person ihr eigenes Verständnis von Arbeitsglück hat. Dennoch gibt es allgemeine Faktoren, die das Glücklichsein bei der Arbeit nachweislich beeinflussen. Es gibt evidenzbasierte Modelle, die die wesentlichen Einflussfaktoren auf das Arbeitsglück zusammenfassen. Im Folgenden werde ich drei europäische Modelle besprechen und zu einer Zusammenfassung der fünf wichtigsten Faktoren gelangen, die das Glücklichsein bei der Arbeit beeinflussen.

Modell 1: Employee Happiness Model

Das Employee Happiness Model (EHM) von 2DAYSMOOD aus den Niederlanden fasst 15 Treiber für das Glücksempfinden bei der Arbeit zusammen. Die Treiber sind in 4 Hauptgruppen unterteilt:

- *Organisation*: interne Kommunikation, Purpose, Ziele & Kernwerte und Marke
- *Menschen*: Führung, Beziehung zu Kollegen, Beziehung zu Vorgesetzten, Diversität & Soziale Werte
- *Job*: Gehalt, Anerkennung, Entwicklungsmöglichkeiten und intrinsische Motivation

- *Wohlbefinden*: Arbeitsplatzbedingungen, Vitalität, Vereinbarkeit von Familien & Beruf

Auf Grundlage des Employee Happiness Models wurden diverse Studien durchgeführt. Die Ergebnisse zeigen, dass die wichtigsten Treiber des allgemeinen Glücksempfindens bei der Arbeit stark personen- und sozialbezogen sind. Insbesondere wurden soziale Werte sowie die Beziehung zu Kollegen und Vorgesetzten als entscheidende Faktoren für das Arbeitsglück identifiziert. Diese Erkenntnisse stimmen mit anderen Studien überein, die darauf hinweisen, dass positive soziale Beziehungen zu den Hauptfaktoren für das Arbeitsglück zählen (Haar, 2019).

Modell 2: Performance Happiness Model

Das Performance Happiness Model (PHM) des britischen iOpener Institute basiert auf der Überzeugung, dass Glücklichsein bei der Arbeit ein Mindset ist, das Handlungen ermöglicht, um maximale Leistung zu erbringen und das volle Potenzial zu entfalten. Im Zentrum dieses Modells steht das Erreichen des persönlichen Potenzials, da dieses sowohl für Mitarbeiter als auch für Unternehmen einen gemeinsamen Nutzen bietet. Das persönliche Arbeitsglück wird in 5 Faktoren unterteilt:

- Contribution (Beitrag): Persönlicher Beitrag an einem übergeordneten Ziel
- Conviction (Überzeugung): Tägliche Motivation und Vitalität
- Culture (Kultur): Gefühl der Passung mit Kollegen, Werten und Arbeitsethos
- Commitment (Bindung): Langfristige Bindung an Unternehmen und dessen Vision
- Confidence (Selbstvertrauen): Gefühl von Selbstbewusstsein und Selbstverwirklichung

Zusätzlich werden Stolz, Vertrauen und Anerkennung als Hauptmotivatoren des Arbeitsglücks betrachtet.

Modell 3: Glück bei der Arbeit

Die deutsche Professorin für Psychologie und Expertin für das Thema Glück bei der Arbeit Ricarda Rehwaldt identifizierte drei Faktoren, aus denen Glück im Kontext der Arbeit entsteht:

- Sinnempfinden: Menschen erleben »Sinn«, wenn sie ein Ziel erreichen, einen Beitrag zu einem übergeordneten Ziel leisten oder wenn ihre Arbeit einen Nutzen für andere Menschen hat. Es ist die Bestätigung, dass die Arbeit wirklich gebraucht wird.
- Selbstverwirklichung: Wenn die Arbeit Spaß macht, persönliche Stärken eingesetzt werden können, Handlungsspielraum gegeben und persönliche Entwicklung gefördert wird, dann sind die Voraussetzzungen gegeben, um sich bei der Arbeit zu verwirklichen.
- Gemeinschaft: Eine Gemeinschaft zeichnet sich durch ein gemeinsames und verbindendes Ziel, sowie einen professionellen, sicheren und vertrauensvollen Umgang aus.

Das Arbeitsglück einzelner Mitarbeiter, eines Teams oder eines gesamten Unternehmens kann durch den jeweiligen Modellen zugehörigen Umfragen erfasst und analysiert werden. Mehr Informationen zu den jeweiligen Unternehmen und Umfragen:

- Mitarbeiterstimmung&Happiness at Work (2DAYSMOOD): www.2daysmood.com (abgerufen am 14.02.2024)
- Happiness at Work Assessment (iOpener Institute): www.iopenerinstitute.com (abgerufen am 14.02.2024)
- HappinessandWork-Scale (Prof. Dr. Ricarda Rehwaldt&Professor Timo Kortsch, 2021, 2023): www.testothek.online/products/hawos (abgerufen am 14.02.2024)

2.3 Die fünf wichtigsten Treiber für Happiness at Work

Nach einem Vergleich der drei zuvor dargestellten Modelle und einer Auswertung weiterer aktueller wissenschaftlicher Studien, die neben den bereits genannten Faktoren auch Jobmerkmale, Sicherheit, Einkommen, Flexibilität bezüglich familiärer Bedürfnisse und Arbeitsumgebung als Einflussfaktoren für das Arbeitsglück einschließen (NurAiniAfanin, 2022; Stankeviciuté, 2021; Martínez-Sánchez et al, 2018; de Neve, 2017; Su-yu, 2009), habe ich die fünf wichtigsten Treiber für Happiness at Work in folgendem Modell zusammengefasst:

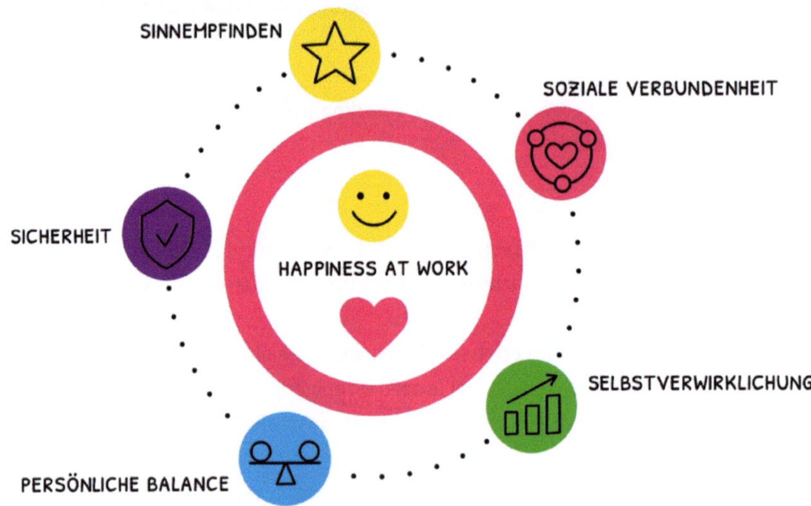

Was macht bei der Arbeit glücklich? 5-Faktoren-Modell.

Faktor 1: Sicherheit

Leitsatz: Mein Job trägt zu meinen Grundbedürfnissen bei und schützt mich vor Schaden.

Jeder strebt danach, durch seinen Job eine gewisse Sicherheit zu erlangen – sei es eine Einkommenssicherung, eine sichere Arbeitsumgebung, psychologische Sicherheit, Jobstabilität, Planbarkeit, Sicherheit in der beruflichen Entwicklung oder die finanzielle Stabilität des Unternehmens. Diese Sicherheitsbedürfnisse sind individuell und hängen auch von der jeweiligen Berufsgruppe ab.

Beispiele verdeutlichen den Unterschied: Ein F16-Pilot, der in Kriegsgebieten eingesetzt wird, hat andere Sicherheitsbedürfnisse als ein freiwilliger Mitarbeiter in einem Museum oder ein Jobeinsteiger in einem Großunternehmen. Dennoch bildet das jeweilige Sicherheitsbedürfnis eine wichtige Basis. Wenn bereits die Grundvoraussetzungen Unzufriedenheit auslösen, ist die Grundlage für Arbeitsglück eher fragil (de Neve, 2017; Stankeviciuté, 2021).

Faktor 2: Sinnempfinden

Leitsatz: Ich trage zu etwas Größerem bei.

Sinn bei der Arbeit oder durch die Arbeit zu empfinden, ist entscheidend für Arbeitsglück (Golparvar, 2014). Sinnstiftende Aufgaben gehen über die bloße Ausführung von Tätigkeiten hinaus und verleihen der Arbeit eine tiefere Bedeutung. Die Mitarbeiter erkennen einen tieferen Zweck in ihren Tätigkeiten und identifizieren sich damit.

Beispiele: Die Zusammenarbeit in interdisziplinären Teams, kundenorientierte Aufgaben, die Mitarbeit an innovativen Projekten mit Bedeutung für die Unternehmensmission oder die Gesellschaft können jedem einzelnen Teammitglied ein tiefes Gefühl von Sinn und Zweck verleihen.

Auch wenn die Arbeit oder die Unternehmenswerte mit persönlichen Werten oder Zielen übereinstimmen, kann dies ein Gefühl von Sinnhaftigkeit hervorrufen.

Faktor 3: Soziale Verbundenheit

Leitsatz: Ich fühle eine starke Zugehörigkeit und soziale Unterstützung.

Die Schaffung einer positiven Gemeinschaft am Arbeitsplatz ist von großer Bedeutung, da positive soziale Beziehungen zu den Hauptfaktoren für das Arbeitsglück zählen (Haar, 2019; Kundi, 2021).

Beispiel: Ein Team, das von Zusammenhalt, Freude, offener Kommunikation und gegenseitiger Unterstützung geprägt ist, fördert das Arbeitsglück jedes Einzelnen.

Faktor 4: Selbstverwirklichung

Leitsatz: Ich kann meine Stärken einsetzen, Ziele erreichen und wachsen.

Selbstverwirklichung in der Arbeit bedeutet, dass Mitarbeiter ihre individuellen Stärken nutzen, persönliche Ziele erreichen und sich kontinuierlich weiterentwickeln können.

Beispiel: Die Möglichkeit, sich im Beruf zu entfalten, fördert das langfristige Engagement und das Arbeitsglück der Mitarbeiter.

Faktor 5: Persönliche Balance

Leitsatz: Ich bin mit meinen beruflichen Verpflichtungen und meinem persönlichen Wohlbefinden im Einklang.

Die persönliche Balance bezieht sich darauf, berufliche Verpflichtungen und persönliches Wohlbefinden balancieren zu können und in den verschiedenen Rollen im Leben präsent zu sein. Eine ausgewogene Verteilung von Zeit und Energie auf verschiedene Lebensbereiche ermöglicht eine gesunde und erfüllende Lebensweise. Den Begriff »Work-Life-Balance« vermeide ich bewusst, da Arbeit ein integraler Bestandteil des Lebens ist.

Beispiel: Selbstbestimmt und durch bewusste Entscheidung das Gleichgewicht zwischen Arbeit, Familie, sozialem Leben und persönlichem Wohlbefinden zu wahren, unterstützt das Erleben einer persönlichen Balance.

Selbstreflexion: Wie sieht es mit deinem Arbeitsglück aus?

1. **Bedeutung:** Bewerte folgende Faktoren von 1 (=am wichtigsten) bis 5 (=am wenigsten wichtig) für dein persönliches Arbeitsglück. Schreibe die Zahl hinter dem jeweiligen Faktor:

	Bedeutung für mich von 1 (am wichtigsten) bis 5 (am wenigsten wichtig)	**Tatsächliche Zufriedenheit von 1 (sehr zufrieden) bis 5 (gar nicht zufrieden)**
Faktor 1: Sicherheit		
Faktor 2: Sinnempfinden		
Faktor 3: Soziale Verbundenheit		
Faktor 4: Selbstverwirklichung		
Faktor 5: Persönliche Balance		

2. **Zufriedenheit:** Bewerte jetzt deine aktuelle Zufriedenheit über die 5 Faktoren von 1 (=sehr zufrieden) bis 5 (=gar nicht zufrieden). Schreibe die Zahl jeweils hinter die erste Bewertung.
3. **Zur Auswertung: Reflektiere folgende Fragen:**
   - Bedeutung und Zufriedenheit werden gleich bewertet (zum Beispiel 2 für Bedeutung, und 2 für Zufriedenheit): Stimmt das für dich so? Was kannst du beibehalten? Was kannst du ändern?
   - Bedeutung < Zufriedenheit (zum Beispiel: 5 für Bedeutung und 3 für Zufriedenheit): Stimmt das so für dich? Wie trägt dieser Faktor zu deinem Arbeitsglück bei? Was bestimmt deine Zufriedenheit?
   - Bedeutung > Zufriedenheit (zum Beispiel: 1 für Bedeutung und 4 für Zufriedenheit): Was trägt zu diesem Unterschied bei? Was kannst du selbst tun, um deine Zufriedenheit zu erhöhen? Welche Hilfe oder Änderungen brauchst du mit Bezug auf diesen Faktor, um glücklicher zu sein?

2.4 Ist Happiness at Work messbar?

In Kapitel 2.2 ging es bereits um drei valide Umfragen und die dazugehörigen Fragebögen, mit denen die verschiedenen Aspekte des Arbeitsglücks gemessen werden können. Die Umfragen liefern wertvolle Antworten darauf, was für jeden einzelnen Mitarbeiter wichtige Treiber für das persönliche Arbeitsglück sind und wie diese Treiber im Unternehmen ausgeprägt sind. Die Umfrageergebnisse bieten interessante Einblicke und Analysen, die sowohl für Standortbestimmungen als auch als Ausgangspunkt für Gespräche oder die Entwicklung von Maßnahmen dienen können.

Happiness Check

Für einen regelmäßigen »Happiness Check« und aktuelle Stimmungsbilder im Team oder Unternehmen können zusätzlich sehr effektiv folgende einfache Messmethoden eingesetzt werden:

Check 1: Selbsteinschätzung des allgemeinen Arbeitsglücks auf einer Skala von 0 (= sehr unglücklich) bis 10 (sehr glücklich) mit der Frage »Wie glücklich bist du aktuell bei der Arbeit?«. Diese unkomplizierte und dennoch wirkungsvolle Frage erweist sich oft als genauso präzise wie das Ergebnis komplexer Fragebögen (Abdel-Khalek, 2006). Sie ist eine sehr gute Frage als Einstieg in ein individuelles oder Teamgespräch, wenn danach die Faktoren erkundet werden, die zu der Selbsteinschätzung führen.

Happiness Scale: Auf eine Skala von 0 bis 10, wie glücklich bist du aktuell bei der Arbeit?

Check 2: Erfassung des aktuellen Stimmungsbildes im Unternehmen durch sogenannte Pulse-Surveys. Diese Umfragen messen in kurzen, regelmäßigen Abständen die Stimmungslage der Mitarbeiter in Echtzeit. Check-in-Fragen, wie zum Beispiel »Wie war deine Woche?«, oder »Wie fühlst du dich heute auf der Arbeit«, sind eindeutig formuliert und werden häufig anhand einer Smiley Skala bewertet. Anbieter solcher Pulse-Surveys sind beispielsweise Heartcount, 2DAYSMOOD oder Polly.

Check 3: Messung der Mitarbeiterbindung durch den *Employee Net Promoter Score* (eNPS). Inspiriert vom klassischen Net Promoter Score, der die Kundenzufriedenheit misst, fragt der eNPS die Mitarbeiter nach ihrer Bereitschaft, das Unternehmen als Arbeitsplatz weiterzuempfehlen. Die Skala reicht von 0 bis 10, wobei Mitarbeiter in Fans (Bewertung 9-10), Passive (Bewertung 7-8) und Kritiker (Bewertung 0-6) eingeteilt werden. Das eNPS-Gesamtergebnis liegt immer zwischen -100 und +100. Ein Ergebnis zwischen +10 und +50 wird als gut betrachtet. Höhere Ergebnisse deuten auf glückliche Mitarbeiter hin (Haziz, 2021). Viele Unternehmen nutzen die eNPS als regelmäßige Standortbestimmung.

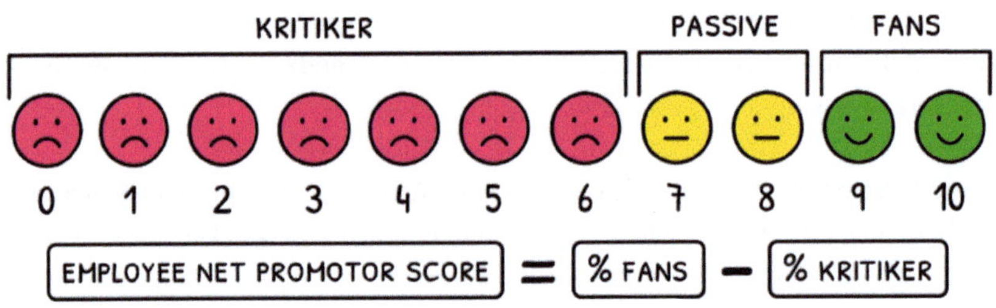

Employee Net Promotor Score (eNPS): Auf einer Skala von 0 bis 10, wie wahrscheinlich ist es, dass du dein Unternehmen an Freunde und Bekannte als Arbeitgeber weiterempfehlen würdest?

Fünf Fragen zu Happiness at Work und Organisationsentwicklung an Prof. Dr. Ricarda Rehwaldt, Professorin für Psychologie und Gründerin der HappinessandWork-Akademie.

1. **Wie kam es zu deiner Begeisterung für die Verbindung der Positiven Psychologie mit der Arbeit und insbesondere Happiness und Arbeit?**

Das ist eigentlich eine richtig persönliche Geschichte. Bevor ich studiert habe, habe ich zum einen eine Ausbildung zur Balletttänzerin und eine zur Tischlergesellin absolviert. In der Ballettzeit habe ich gesehen, wie Menschen dazu bereit sind, gegen jeden Widerstand alles für ihren Traum zu geben und trotz Schmerzen und Rückschlägen mit leuchtenden Augen vom Tanz erzählt haben. Und weil ich selbst getanzt habe, weiß ich nicht nur, wie das von außen aussieht, sondern auch, wie sich das von innen anfühlt. Das ist eine große Energie, eine große Kraft ganz tief drin, die Hindernisse einfach dahinschmelzen lässt und ein stolzes Leuchten in die Augen zaubert. Weil es für diese eine Sache war. Die eine Sache, die als Arbeit und Lebensinhalt auserkoren wurde. Glück und Arbeit passen dort offensichtlich zusammen – und ich weiß nicht, ob es Obstkörbe in den Theatern gibt … Ein anderer Ort, der ohne Obstkorb auskam, ist die Werkstatt, in der ich meine Tischlerausbildung absolviert habe. Ich bin dort auf ein neues Phänomen gestoßen: Die gleiche Arbeit in den gleichen Räumen kann sich bei zwei unterschiedlichen Chefs ganz anders anfühlen. Ganz leicht oder ganz schwer. Ich habe dort verstanden, dass Überstunden Spaß machen können, wenn die Wertschätzung stimmt und es Ausgleich gibt – und ich habe auch gesehen, wie es sich anfühlt, wenn genau das nicht der Fall ist. Da habe ich gemerkt, dass Kommunikation und die Art und Weise sehr viel Einfluss auf Arbeitsemotionen und das Leuchten in den Augen haben. Und damit es nicht nur zwei Geschichten aus meinem Leben bleiben, habe ich mich auf den Weg gemacht, um herauszufinden, wie das alles zu erklären wäre.

2. **Arbeitszufriedenheit und Arbeitsglück sind nicht das Gleiche. Wo liegt genau der Unterschied? Und welche Erkenntnisse dazu gab es in deinen Studien?**

Obwohl sie eng miteinander verknüpft sind, existieren bedeutsame Unterschiede. Arbeitszufriedenheit kann durch verschiedene Faktoren beeinflusst werden, wie Arbeitsbedingungen, Bezahlung, Beziehungen zu Kollegen und Vorgesetzten, berufliche Entwicklungsmöglichkeiten sowie die Work-Life-Balance. Arbeitszufriedenheit ist ein etabliertes Konzept zur Messung des Wohlbefindens von Mitarbeitern (Wright et al., 2007) und spiegelt wider, ob die Erwartungen der Mitarbeiter an die Arbeitsbedingungen erfüllt werden (Rehwaldt, 2017; Salas-Vallina & Alegre, 2018). Viele Instrumente zur Erfassung von Arbeitszufriedenheit berücksichtigen jedoch nicht Bewertungen von intrinsischen Faktoren, die das Arbeitserlebnis selbst messen (Fisher, 2010; Wright et al., 2007), was bedeutet, dass wesentliche Aspekte der Arbeit und ihre Auswirkungen auf die Mitarbeiter vernachlässigt werden.

Führungskräfte definieren Glück im Arbeitskontext eher als einen positiven emotionalen Zustand, der durch intrinsisch motivierte, aktive und selbstbestimmte Tätigkeiten entsteht und sich durch Ansteckungspotenzial auszeichnet (Rehwaldt, 2017). Im Unterschied dazu wird Arbeitszufriedenheit als ein gleichförmiger Zustand mit kompromissartigem Charakter beschrieben, der aus der Bewertung einer Situation und äußeren Umständen, wie der erwarteten Belohnung extrinsisch motivierter Tätigkeiten, entstehen kann (Rehwaldt, 2017). Zufriedenheit kann sogar dann erlebt werden, wenn sich Mitarbeiter in einem Zustand von Entspannung oder Langeweile befinden (Csikszentmihályi, 2004). Im Vergleich zum Glück, das als Idealzustand verstanden wird, handelt es sich bei Zufriedenheit immer um einen gewissen Kompromiss.

Auf der anderen Seite kann Glück bei der Arbeit eher auf persönlichem Wachstum, Leidenschaft, sinnvoller Arbeit und einem positiven Arbeitsumfeld basieren. Es geht darum, sich in seiner Tätigkeit erfüllt und authentisch zu fühlen. Glücksempfinden hat einen positiven Einfluss auf die allgemeine Gesundheit, reduziert Angstzustände und verringert den empfundenen Stress. Neben gesundheitlichen Aspekten wirkt sich Glück auch positiv auf die Arbeitsleistung aus, indem kognitive Leistungen verbessert werden. Glückliche Menschen treffen schneller effiziente Entscheidungen und können durch gesteigerte Kreativität besser Probleme lösen. Empirisch wurde festgestellt, dass glückliche Menschen zehnmal weniger Krankheitstage einreichen als unglückliche (Pryce-Jones & Lutterbie, 2010). Trotzdem oder gerade deswegen sind für Beschäftigte nach wie vor ein gutes Verhältnis zu ihren Kollegen und eine sinnvolle, selbstverwirklichende Tätigkeit am wichtigsten.

3. **Wenn Unternehmen positive Emotionen und Glück im Unternehmen steigern wollen, ist einer der ersten wichtigen Schritte, ein Verständnis dafür zu bekommen, wie glücklich die Mitarbeiter sind. Zu diesem Zweck hast du zusammen mit Timo Kortsch die »HappinessAndWork-Scale« entwickelt. Kannst du erklären, was die Skala genau misst und welchen Mehrwert sie für einen Organisationsentwicklungsprozess bringt?**

Mit der HappinessandWork-Scale kann Glück bei der Arbeit auf Basis der drei Faktoren Sinnempfinden, Selbstverwirklichung und Gemeinschaft für Einzelpersonen oder ganze Organisationen erfasst werden. Damit hilft die Skala dabei, das Glücksempfinden der Mitarbeiter zu analysieren und dadurch auch besser zu verstehen. Aufbauend auf den Ergebnissen kann analysiert werden, wo Mitarbeiter in ihrem aktuellen Berufsalltag glücklich sind und wo noch Verbesserungspotenziale liegen. Durch die Erfassung von Glück bei der Arbeit wird ja zum einen der Status quo ermittelt, zum anderen aber auch die konsequente Ableitung von Maßnahmen gefördert und der Blick für die vielfältigen positiven Effekte von Happiness at Work geschult. Die HaWoS lenkt dabei den Blick auf die Ressourcen als Bewältigungsstrategie für psychische Belastungen bei der Arbeit.

4. **Was sind mögliche Widerstände, mit denen Unternehmen rechnen sollten/ können, wenn sie sich das Ziel setzen, das Glück ihrer Mitarbeiter zu steigern?**

Klassische Widerstände in Organisationen sind gewachsene organisatorische Strukturen, die Sozialisierung der Mitarbeiter oder auch die Führungs- und Unternehmenskultur. Im Beratungsalltag hört sich das ungefähr so an: »Aber…, das haben wir doch schon immer so gemacht« oder auch »Frau Rehwaldt, wir sind ja nicht zum Spaß hier, sondern um zu arbeiten.« Die gute Nachricht ist aber, dass immer mehr Unternehmen und Führungskräfte eine hohe Bereitschaft zeigen, sich mit dem Thema Glück bei der Arbeit aktiv auseinanderzusetzen und entsprechend Ressourcen in einen Wandlungsprozess zu investieren. Das ist der erste wichtige Schritt. In der Folge gibt es dennoch einige Hürden, die im beruflichen Alltag der Umsetzung dann auftreten. Dazu gehören:

Zeitmangel: In vielen Unternehmen herrscht oft ein hektisches Arbeitsumfeld, und Zeitmangel wird als Hindernis für die Implementierung von Maßnahmen zur Steigerung des Mitarbeiterglücks betrachtet. Dies könnte zu Widerstand führen, insbesondere wenn Mitarbeiter glauben, dass die Umsetzung zusätzlichen Aufwand erfordert.

Fehlende Führungsbeteiligung: Wenn Führungskräfte, insbesondere das C-Level sich nicht aktiv beteiligen, kann dies den Widerstand verstärken. Mitarbeiter orientieren sich an ihren Führungskräften und benötigen deren Unterstützung und Engagement, um Veränderungen anzunehmen. Nach meiner Erfahrung können diese Hürden gut durch eine strategische und einfühlsame Herangehensweise, die auf klaren Kommunikationskanälen, Führungsbeteiligung und der Integration von Maßnahmen in die bestehende Unternehmenskultur gemeistert werden.

5. **Welche Herausforderungen/Trends siehst du für die Zukunft der Arbeit in Bezug auf Happiness and Work? Welche konkreten Tipps hast du für Unternehmen, die das Glück am Arbeitsplatz in ihrer Unternehmenskultur nachhaltig fördern wollen?**

Erstens, wie leistet die Gen Z einen Beitrag zur Förderung von Glück in Unternehmen? Genau genommen gibt es keine Gen Z. In wissenschaftlichen Studien lassen sich die viel beschworenen Generationenunterschiede nicht finden. Auch in meiner Forschung nicht. Was es aber gibt, ist eine Veränderung des Arbeitsmarktes und für diese Veränderung sind junge Leute natürlich eher ein Sprachrohr. Und darin liegt auch der Beitrag – wenn wir genau zuhören und nicht verächtlich kommentieren, können wir hier einiges lernen, wie die Arbeit von morgen gestaltet werden muss. Unser Beitrag in Bezug auf die Gen Z (wenn man es so nennen möchte) liegt also darin, zuzuhören.

Zweitens hilft uns auch die Digitalisierung. Ein wesentlicher Faktor ist hier die neue Freiheit in der Arbeitszeitgestaltung. Im Happiness-and-Work-Report 2023 haben wir gesehen, dass der Hauptfaktor für Verlust von Glück bei der Arbeit der Faktor Arbeitszeit ist. Und zwar immer dann, wenn es zu viel, nicht planbar, Schichtdienst, Rufbereitschaft oder Ähnliches waren. Also wenn Zeit nicht frei einteilbar ist. Digitalisierung ermöglicht in vielen Berufen die Arbeit von überall und immer dann, wenn es auch zum Leben passt. Das weiß ich selbst als digitaler Nomade sehr zu schätzen.

Drittens kann KI natürlich einen Beitrag zum Glück bei der Arbeit leisten: Sie verfügt über die Fähigkeit, uns wiederkehrende Routineaufgaben oder mühsame Recherchen abzunehmen, sie formuliert super Texte und kürzt diese bei Bedarf. Gerade diese Aufgaben sind oft keine Quelle von Arbeitsglück und können mit KI prima beschleunigt werden.

Mehr Informationen zum HappinessAndWork-Scale und das Beratungsangebot der HappinessandWork Akademie findest du auf www.happinessandwork.de (abgerufen am 14.02.2024).

3 Happiness at Work und Unternehmenserfolg

Verinnerliche den folgenden Satz wie ein Mantra: »Gibt es dafür wissenschaftliche Evidenz?« Denn in unserer Zeit ist es entscheidend, nicht blind einem Trend zu folgen oder sich von Marketingstrategien beeinflussen zu lassen. Vielmehr solltest du es zur Gewohnheit machen, zu hinterfragen, ob für spezifische Aussagen oder Handlungen solide Evidenz vorliegt.
Dr. Timo Lorenz, Juniorprofessor für Arbeits- und Organisationspsychologie

Bis zur zweiten Hälfte des 20. Jahrhunderts wurde das Wohlbefinden der Mitarbeiter oft als rein private Angelegenheit betrachtet, die außerhalb des Verantwortungsbereichs der Unternehmen lag. Die traditionelle Sichtweise lautete, dass es ausreichend sei, Mitarbeitern eine sichere Anstellung, angemessene Gehälter und gute Arbeitsbedingungen zu bieten, um ihre Zufriedenheit zu gewährleisten. Die Annahme war, dass Mitarbeiterzufriedenheit ausreichend sei, um als Unternehmen erfolgreich zu sein. Aufgrund dieser Annahmen wurde das Wohlbefinden der Mitarbeiter, ihre mentale Gesundheit und ihre individuellen Bedürfnisse oft vernachlässigt.

Bedeutung des Mitarbeiterglücks für den langfristigen Erfolg des Unternehmens

In den letzten Jahrzehnten hat sich in dieser Sache ein grundlegender Wandel vollzogen. Unternehmen erkennen zunehmend die Bedeutung des Mitarbeiterglücks für den langfristigen Erfolg des Unternehmens und dessen Nachhaltigkeit an. Es wird erkannt, dass das Wohlbefinden der Mitarbeiter nicht nur eine private Angelegenheit ist, sondern auch einen direkten Einfluss auf die Leistung, Kreativität und Produktivität der Mitarbeiter hat. Der Fokus verschiebt sich von vor allem materiellen Anreizen hin zu einer ganzheitlichen Betrachtung der Mitarbeiter, die auch emotionale, soziale und persönliche Aspekte berücksichtigt (Morgan, 2017). In der heutigen Arbeitsumgebung soll der Mitarbeiter sich geschätzt, unterstützt und ermutigt fühlen. Die emotionale Bindung der Mitarbeiter an ihre Arbeit und ihre Kollegen spielt eine Schlüsselrolle für ihre Motivation und ihr Engagement.

Die Gründe für den grundlegenden Wechsel sind vielfältig. Wirtschaftliche, soziale, technologische und ökologische Faktoren spielen eine Rolle, die ich im nächsten Teil des Buches (Zeitgeist) vertiefen werde.

In diesem Kapitel möchte ich vor allem darauf eingehen, wie die Forschung im Bereich der positiven Psychologie und Organisationspsychologie in den letzten Jahrzehnten gezeigt hat, dass glückliche Mitarbeiter der essenzielle Faktor für den Unternehmenserfolg sind.

Zur Methodik: Die wichtigen Trends aufzeigen

Während meiner Recherche sind mir einige Dinge aufgefallen, die ich gerne mit dir teilen möchte, bevor wir uns die Ergebnisse anschauen.

Erstens ist mir aufgefallen, dass bei der Suche nach Studien zum Einfluss von Arbeitsglück auf Unternehmensergebnisse verschiedene Methoden zur Messung des Arbeitsglücks verwendet wurden. Einige Studien verwendeten Arbeitszufriedenheitsmessungen als Indikator für Arbeitsglück, andere verwendeten die »Happiness Scale« (Auf einer Skala von 0 bis 10, wie glücklich bist du aktuell bei der Arbeit?) zur Messung des Glücks am Arbeitsplatz, und wieder andere Studien verwendeten komplexe Fragebögen. Der Einsatz verschiedener Methoden muss bei der Einordnung der Ergebnisse berücksichtigt werden.

Zweitens, da das wissenschaftliche Feld der Positiven Psychologie noch recht jung ist, basieren einige Ergebnisse auf Einzelstudien oder Studien, die nur in bestimmten Ländern oder Regionen der Welt durchgeführt wurden. Einige dieser Studien nannten konkrete Zahlen und Prozentsätze von Effekten in ihrer jeweiligen Zielgruppe, andere erwähnten Tendenzen. Mir wurde bewusst, dass in einigen Fällen weitere Forschung erforderlich ist, um Verallgemeinerungen zu treffen. Daher verzichte ich in diesem Buch auf die Nennung von Zahlen aus Einzelstudien. Stattdessen zeige ich die wichtigen Trends hinsichtlich des Arbeitsglücks auf, die über mehrere Studien hinweg festgestellt wurden.

3.1 Gesundheit und Lebensglück

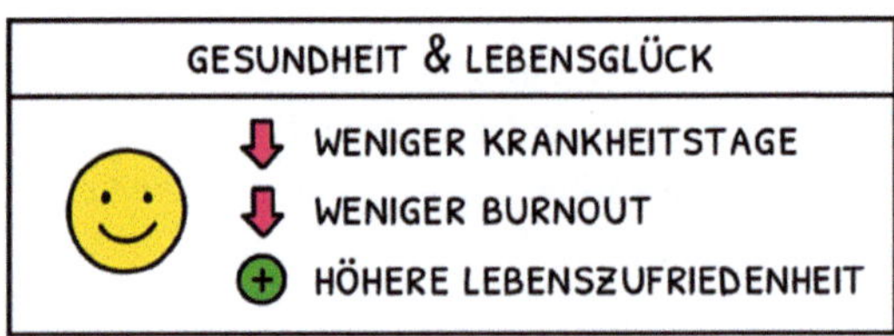

Die Auswirkungen von Arbeitsglück auf Gesundheit und Lebensglück

Unternehmen, die das Wohlbefinden ihrer Mitarbeiter fördern, profitieren von einem gesünderen Arbeitsklima. Glückliche Mitarbeiter sind weniger krank (Kushlev et al, 2020; Hoxsey, 2010; Pryce-Jones, 2010) und leiden weniger unter Stress, was sich unmittelbar auf ihre mentale Gesundheit auswirkt. Glück reduziert das Stresshormon Kortisol signifikant. Weniger Stress senkt wiederum das Risiko von Burnout und anderen arbeitsbedingten Gesundheitsproblemen (Werdecker&Esch, 2021, Santhaman&Srinivas, 2019, Spreitzer&Porath, 2012).

Ein gesteigertes Wohlbefinden hat nicht nur positive Auswirkungen auf die physische und mentale Gesundheit der Mitarbeiter, sondern kann auch, neben anderen Faktoren, die allgemeine Lebenszufriedenheit beeinflussen (Badri, 2022; Fernandéz, 2017; Neve, 2017; Scott 2008). Glückliche Mitarbeiter übertragen ihr Glück von zu Hause ins Büro; ebenso nehmen sie ihr Glück aus dem Büro mit nach Hause (Asiyabi&Mirabi, 2012). Unternehmen, die aktiv zur Verbesserung des Arbeitsglücks ihrer Mitarbeiter beitragen, fördern eine ausgewogene Balance zwischen Arbeit, Familie, sozialem Leben und persönlichem Wohlbefinden. Dies kann dazu beitragen, dass Mitarbeiter nicht nur im Beruf, sondern auch im persönlichen Leben glücklicher sind.

Unter Berücksichtigung dieser Erkenntnisse bin ich der Überzeugung, dass es nicht nur die Verantwortung, sondern auch ein Privileg für Arbeitgeber ist, das Arbeitsglück ihrer Mitarbeiter positiv zu beeinflussen. Durch gezielte Maßnahmen zur Steigerung des Wohlbefindens können Unternehmen nicht nur die Gesundheit ihrer Mitarbeiter fördern, sondern auch einen positiven Beitrag zum allgemeinen Lebensglück leisten.

3.2 Innovation und Produktivität

Die Auswirkungen von Arbeitsglück auf Innovation und Produktivität

Glückliche Mitarbeiter sind oft kreativer und innovativer. Die positiven Emotionen, die mit Glück einhergehen, fördern eine offene Haltung gegenüber Menschen, Veränderungen und Meinungen. Diese Offenheit manifestiert sich in kreativen Ideen und innovativen Lösungsansätzen (Acar et al., 2020; Heo et al., 2018; Diener&Biswas-Diener, 2008). In einer sich rasant verändernden Geschäftswelt, die von Innovation getrieben wird, sind kreative Denkansätze und die Fähigkeit zur Anpassung entscheidende Wettbewerbsvorteile.

Negative Emotionen wirken dagegen eher hemmend. Sie führen häufiger zu einer Verengung der Wahrnehmung und lenken das Denken in eine Richtung, die in Menschen, Veränderungen und anderen Meinungen vor allem Probleme, Risiken und Einschränkungen erkennt.

Interessanterweise zeigt die Forschung aber auch, dass negative Emotionen wie Ärger oder Unzufriedenheit zu Kreativität führen können, allerdings nur, wenn die Bindung an das Unternehmen hoch ist, und die Unternehmenskultur geprägt ist von psychologischer Sicherheit, Feedback und Unterstützung sowie einem kreativen und flexiblen Arbeitsansatz (Zhou, 2001).

Daher ist es sinnvoll, sowohl positive Emotionen zu fördern als auch ein unterstützendes Arbeitsumfeld zu schaffen. Die Förderung von positiven Emotionen im Team hat noch einen weiteren Effekt: Sie hebt die Stimmung und stärkt die Hilfsbereitschaft im Team und den Zusammenhalt unter den Kollegen.

Glückliche Mitarbeiter sind insgesamt positiver, motivierter und innovativer, was zu einer Steigerung des Engagements und der Arbeitsleistung führt. Wissenschaftliche Studien zur Beziehung zwischen Arbeitsglück und Produktivität bestätigen, dass glückliche Mitarbeiter produktiver sind. Belastungssituationen, negative und traurige Emotionen gehen hingegen oft mit einer geringeren Produktivität einher (Oswald, 2015; Cropanzano, 2001). Unternehmen, die in das Wohlbefinden ihrer Mitarbeiter investieren, setzen einen positiven Kreislauf in Gang, der zu höherer Produktivität und letztendlich zu einer stärkeren Position am Markt führt.

Fünf Fragen zu Happiness at Work und Produktivität an Laura Giurge, Assistant Professor an der London School of Economics and Political Science

1. **In deiner Forschung untersuchst du, wie Führungskräfte und Mitarbeiter Produktivität mit Wohlbefinden in Einklang bringen können. Einer deiner Schwerpunkte ist dabei die Frage, welche Rolle Technologie im Themenfeld von Produktivität und Wohlbefinden spielt. Was sind deine Befunde?**

In meiner Forschung habe ich untersucht, warum Technologie oft eher eine Barriere als eine Unterstützung für Produktivität und Wohlbefinden darstellt. Insbesondere habe ich mich auf die E-Mail-Kommunikation konzentriert und erforscht, wie wir damit umgehen können, um klare Grenzen zwischen Arbeit und Freizeit aufrechtzuerhalten. In einer Studie mit über 4.000 Mitarbeitern, die außerhalb der Arbeitszeiten nicht dringende E-Mails sendeten oder empfingen, entdeckten

Vanessa Bohns und ich das Phänomen des »E-Mail-Dringlichkeitsbias«. Das heißt, die Empfänger überschätzten die erwartete Antwortgeschwindigkeit der Sender auf empfangene E-Mails um 36 Prozent. Wir stellten auch fest, dass die Absender sich oft nicht bewusst sind, welchen Stress sie mit außerhalb der Arbeitszeit und nicht dringenden E-Mails bei den Empfängern auslösen. Der Stress war für die Empfänger um 14 Prozent größer als von den Absendern vorhergesagt (Giurge&Bohns, 2021).

Eine Möglichkeit, damit umzugehen ist, dass Absender ihre impliziten Erwartungen explizit machen, indem sie hinzufügen, dass die Anfrage nicht dringend ist. Wir fanden heraus, dass diese einfache Notiz in den E-Mails die Dringlichkeitsverzerrung beseitigt. Um Produktivität und Wohlbefinden in Einklang zu bringen, ist es wichtig sicherzustellen, dass wir über die Dringlichkeit und Nichtdringlichkeit unserer Anfragen kommunizieren. Es gibt viele Möglichkeiten, hohe Dringlichkeit zu signalisieren (Großbuchstaben oder roter Ausrufezeichen), aber wie unsere Forschung zeigt, wird Nichtdringlichkeit auch erst dann erkannt, wenn wir es explizit machen.

2. **Eines deiner Hauptforschungsgebiete ist die Arbeitszeit. Wenn es um Glück bei der Arbeit geht, wird die Möglichkeit, selbstbestimmt zu arbeiten, oft als ein wichtiger Faktor genannt, der sich positiv auf das Arbeitsglück auswirkt. Welche Einschränkungen hast du diesbezüglich gefunden?**

Kaitlin Woolley und ich fanden in unseren Untersuchungen heraus, dass das Arbeiten zu untypischen Arbeitszeiten, wie am Wochenende und an Feiertagen, die intrinsische Motivation der Menschen zur Arbeit untergräbt (Giurge&Woolley, 2022). Dies liegt daran, dass wir trotz des Trends zur Arbeitsflexibilität klare Normen für den Zeitpunkt haben, zu dem es angemessen ist, Arbeit zu leisten. Eine Möglichkeit, die intrinsische Motivation zu schützen, besteht darin, das Arbeiten zu untypischen Zeiten als Vorteil für das Aufholen oder Fortschreiten der Arbeit umzudeuten. In einer separaten Studie haben wir festgestellt, dass Mitarbeiter, die regelmäßig zu untypischen Arbeitszeiten arbeiten, nicht nur von einer geringeren intrinsischen Motivation, sondern auch von einem niedrigeren subjektiven Wohlbefinden berichten (Giurge&Woolley, 2022). Da es oft einfacher ist, Arbeit anstelle von Freizeit zu rechtfertigen, müssen wir besonders auf dieses Ergebnis achten und entsprechend planen, während der üblichen Arbeitszeiten freizunehmen, wenn wir zu untypischen Arbeitszeiten arbeiten. Flexibilität bedeutet in diesem Fall: Arbeite ich an einem Samstag, dann sollte ich mir am folgenden Dienstag oder Mittwoch freinehmen, um verloren gegangene Freizeit auszugleichen. Das sollten Unternehmen beachten.

3. **Welche Ratschläge würdest du Organisationen mit vollständig virtuellen oder hybriden Teams geben, um zu vermeiden, dass Flexibilität zu weniger Wohlbefinden führt?**

Mein Rat ist, darauf zu achten, dass fortlaufende und explizite Gespräche über implizite Erwartungen zu Arbeitsnormen in Unternehmen stattfinden, insbesondere da jeder unterschiedliche Arbeitsweisen, unterschiedliche familiäre oder häusliche Bedingungen und verschiedene Zeiten hat, in denen er Höchstleistungen erbringen kann.

Ein weiterer Rat ist, bewusst Raum für spontane Gespräche oder kurze Besprechungen zu schaffen, die es Teams ermöglichen, zu besprechen, was gut gelaufen ist und was verbessert werden könnte, wenn sie zusammenarbeiten.

4. **In deinen Forschungsprojekten arbeitest du eng mit Unternehmen, lokalen Regierungen und NGOs zusammen, um relevante Daten zu sammeln. Warum sollten Organisationen an Forschungsprojekten teilnehmen, und was können sie von einer Zusammenarbeit mit einem Forschungsteam erwarten?**

Die Zusammenarbeit mit Organisationen ist eine meiner bevorzugten Methoden zur Datensammlung, da sie nicht nur die Wissenschaft informiert, sondern auch unmittelbare und anwendbare Einblicke für Mitarbeiter und Führungskräfte liefert. Organisationen nehmen an Forschungsprojekten teil, um die genauen Auswirkungen – hinsichtlich Kosten und Nutzen – ihrer Initiativen zu erfassen. Dabei setzen sie auf datengesteuerte Ansätze und arbeiten mit Experten aus der Akademie zusammen, die an vorderster Front der Forschung stehen und umfangreiches Wissen darüber haben, wie man am besten mit Herausforderungen in Organisationen umgeht. Ich hoffe, dass mehr Unternehmen bereit sind, mit Forschern zusammenzuarbeiten. Diese Zusammenarbeit ist eine Win-win-Situation, und die Unternehmen, mit denen ich zusammengearbeitet habe, haben aufgrund unserer gemeinsamen Forschung positive Veränderungen umgesetzt.

5. **Welche Forschungsthemen würdest du gerne zusammen mit einem Unternehmen weiter erkunden?**

Die Viertagewoche hat in den letzten Jahren weltweit viel Aufmerksamkeit erhalten, jedoch gibt es bis heute keine validen Studien zu ihren Vorteilen. Ich hoffe sehr, dass mehr Unternehmen, insbesondere große, für Forschungskooperationen offen sind, um gemeinsam herauszufinden, wie man am besten mit laufenden Herausforderungen am Arbeitsplatz umgehen kann – von Wohlbefinden und Führung bis zur gerechten Behandlung der Mitarbeiter.

Falls du in einer Organisation arbeitest, und Interesse and einer Forschungskooperation mit Laura und ihrem Team hast, nimm gerne via LinkedIn oder über ihre Website www.lauragiurge.com (abgerufen am 14.02.2024) *Kontakt mit Laura auf.*

3.3 Kundenzufriedenheit

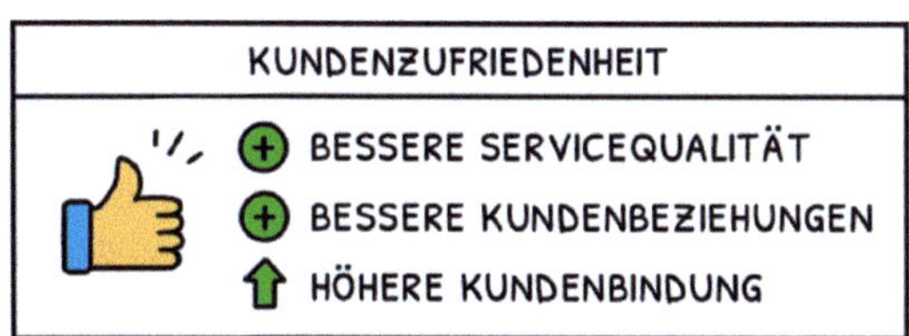

Die Auswirkungen von Arbeitsglück auf Kundenzufriedenheit

Glückliche Mitarbeiter sind die besten Botschafter für ein Unternehmen. Ihr Engagement und ihre positive Einstellung gegenüber der Arbeit übertragen sich oft auf den Kontakt mit Kunden und Geschäftspartnern. Wissenschaftliche Studien weisen eindeutig auf einen bedeutenden Zusammenhang zwischen dem Wohlbefinden der Arbeitnehmer und der Zufriedenheit der Kunden hin (Kurdi et al., 2020; Grandey, 2011).

Mitarbeiter, die sich in ihrem Berufsumfeld glücklich fühlen, sind motivierter, exzellenten Kundenservice zu bieten und sogar eine Meile extra zu gehen (Amoopour, 2014). Zusätzlich fördert Glück bei der Arbeit innovatives Verhalten im Kundenservice, insbesondere bei Frontline-Mitarbeitern (Al-Hawari, 2019). Wohlbefinden bei der Arbeit befähigt Mitarbeiter dazu, sich proaktiv um Kundenbedürfnisse zu kümmern, Probleme eigenständig zu lösen und eine positive Kundenbeziehung aufzubauen.

Unternehmen, die auf glückliche Mitarbeiter setzen, schaffen somit nicht nur eine positive Kundenwahrnehmung, sondern stärken auch ihre Position im Wettbewerbsumfeld durch höhere Kundenzufriedenheit und Kundenbindung (Naseem, 2011).

3.4 Arbeitgeberattraktivität

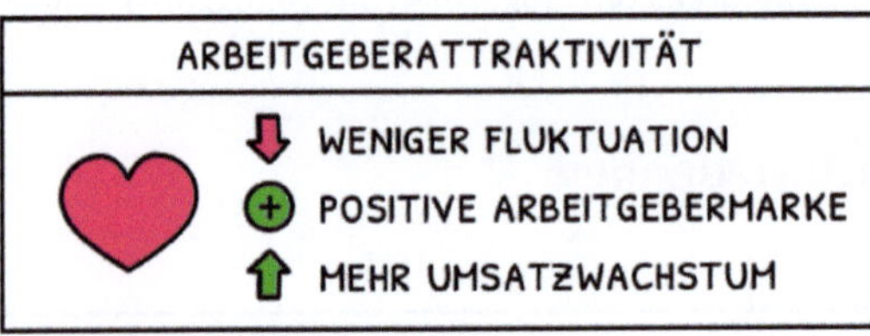

Die Auswirkungen von Arbeitsglück auf Arbeitgeberattraktivität

Wenn ein Arbeitgeber wirklich daran interessiert ist, dass seine Mitarbeiter ihr volles Potenzial entfalten können, das Beste aus sich herausholen und dabei auch ihr Wohlbefinden sicherstellen, sinkt die Wahrscheinlichkeit, dass die Mitarbeiter das Unternehmen verlassen. Studien zeigen konsistent eine positive Beziehung zwischen Glück am Arbeitsplatz und der Attraktivität des Arbeitgebers (Zakery, 2020; Waal, 2018; Fisher, 2010). Glückliche Mitarbeiter bleiben eher langfristig im Unternehmen, sind motiviert, sich weiterzuentwickeln und tragen dazu bei, eine positive Arbeitgebermarke zu etablieren.

Eine gestärkte Mitarbeiterloyalität bringt nicht nur ein positives Betriebsklima, sondern auch kostenlose Werbung für das Unternehmen und damit Arbeitgeberattraktivität. Eine starke und positive Arbeitgebermarke ist essenziell für das Gewinnen neuer Talente. Arbeitgeber, die sich für eine positive Arbeitskultur auszeichnen, ziehen automatisch die besten Bewerber an.

Zusammenfassung

Unternehmen mit glücklichen Mitarbeitern genießen in verschiedenen Bereichen erhebliche Vorteile. Die Förderung von Gesundheit und Lebensglück, die Steigerung von Innovation und Produktivität, die Verbesserung der Kundenzufriedenheit und die Erhöhung der Arbeitgeberattraktivität sind Schlüsselfaktoren für den langfristigen Erfolg eines Unternehmens in einer sich ständig verändernden Geschäftswelt. Daher ist die Investition in das Glück der Mitarbeiter nicht nur moralisch richtig, sondern auch wirtschaftlich klug.

Teil 2: Zeitgeist

Wir stehen aktuell an einem faszinierenden und entscheidenden Moment in der Geschichte, an dem zwei sich gegenseitig verstärkende Themen aufeinandertreffen: Zum einen die evidenzbasierte Bestätigung, dass das Wohlbefinden von Mitarbeitern ein entscheidender Faktor für den Unternehmenserfolg ist, und zum anderen wirtschaftliche, soziale, technologische und Umweltfaktoren, die dafür sorgen, dass Unternehmen sich stärker auf das Wohlbefinden der Mitarbeiter fokussieren müssen. Jetzt gilt es, diese Erkenntnisse zu kombinieren.

In Kapitel 4 werde ich zunächst die Entwicklungen diskutieren, die zum Wandel in der Arbeitswelt beitragen. Danach beleuchte ich Happiness at Work im Kontext des Generationenwechsels und erweitere in Kapitel 5 die Perspektive über nationale Grenzen hinaus. Passt ein Fokus auf Wohlbefinden und Glück bei der Arbeit in den deutschen kulturellen Kontext? Welche Erfahrungen und Erkenntnisse gibt es aus anderen europäischen Ländern?

4 Happiness at Work in der aktuellen Zeit

Man muss offen für neue Ideen und Konzepte sein, um den Herausforderungen der Zukunft gerecht zu werden. Unternehmen müssen sich auf Veränderungen einstellen und Arbeitsbedingungen schaffen, die den Bedürfnissen und Erwartungen ihrer Mitarbeiter entsprechen. Mitarbeiter sind das wichtigste Gut jedes Unternehmens. Aus diesem Grund ist es vonnöten, dass sich die Mitarbeiter wohlfühlen, um einen langfristigen und nachhaltigen Unternehmenserfolg erzielen zu können.

Florian Sager, Product Owner, Bonos.io

4.1 Herausforderungen der aktuellen Arbeitswelt

Warum ist heute ein Fokus auf Happiness at Work wichtiger denn je? Führungskräfte und Unternehmen stehen heute vor einer Vielzahl von Herausforderungen, welche die Arbeitswelt prägen und ständig weiterentwickeln.

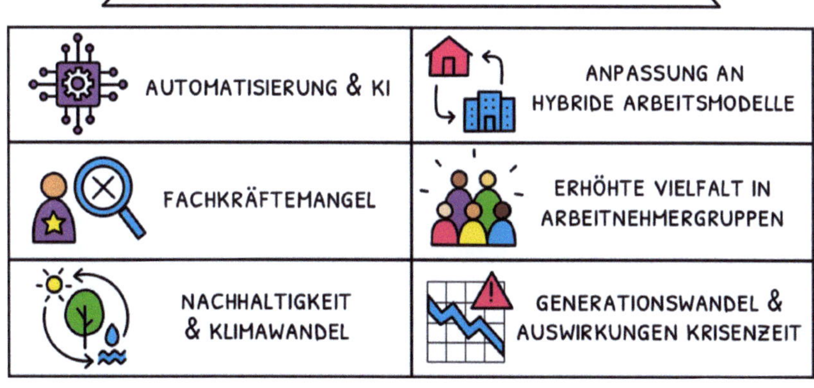

Herausforderungen der aktuellen Arbeitswelt

Herausforderung 1: Automatisierung und KI

Einer der zentralen Herausforderungen ist die fortschreitende Automatisierung und der Einsatz künstlicher Intelligenz (KI), mit erheblichen Auswirkungen auf die Arbeitslandschaft. Rapide technologische Entwicklungen führen zu »Skill Gaps« (Qualifikationslücken) zwischen den tatsächlichen Fähigkeiten der Mitarbeiter und den erforderlichen Fähigkeiten, um mit neuen Tools, digitalen Prozessen und Strukturen umzugehen.

Zudem weicht die traditionelle Karriereentwicklung zunehmend agilen Karrieren, deren Kennzeichen kontinuierliche Anpassungsfähigkeit und lebenslanges Lernen sind. Eine weitere Folge der technologischen Entwicklungen ist eine steigende Geschwindigkeit der Arbeit, des Informationsflusses und steigenden Anforderungen hinsichtlich der Erreichbarkeit. Diese Entwicklungen können negative Auswirkungen auf die psychische Gesundheit und das Wohlbefinden der Mitarbeiter haben.

Herausforderung 2: Anpassung an hybride Arbeitsmodelle

Der Übergang zu mehr Homeoffice und zu flexiblen Arbeitszeiten beeinflusst die Motivation und Zugehörigkeit der Teammitglieder zum Team. Die räumliche Distanz erfordert von Führungskräften eine bewusstere Anstrengung, um die Teamdynamik aufrechtzuerhalten und sicherzustellen, dass sich Mitarbeiter, unabhängig von ihrem Standort, als integraler Bestandteil des Teams fühlen. Gleichzeitig müssen Homeoffice-Herausforderungen, wie die Balance zwischen Arbeit und Privatleben sowie die Vereinbarkeit von Familie und Beruf aktiv angegangen werden, um das Wohlbefinden der Mitarbeiter zu fördern.

Herausforderung 3: Fachkräftemangel

Standen in Deutschland jeder offenen Stelle im Jahr 2010 noch fast vier Arbeitssuchende gegenüber, kommen heute auf jede offene Stelle weniger als zwei Arbeitssuchende (IAB – Institut für Arbeitsmarkt- und Berufsforschung). Diese Entwicklung lässt sich nicht ausschließlich auf demografische Veränderungen zurückführen, hinzu kommt vielmehr eine unerwartet starke Nachfrage nach Mitarbeitern in neuen Berufsfeldern und für unterschiedliche Qualifikationen (Schneider, 2023). Besonders in bestimmten Sektoren wie Handwerk und Bildung wird ein Mangel an qualifizierten Arbeitskräften deutlich. Die Attraktivität von Handwerksberufen hat abgenommen, und in Gesundheits- und Pflegeberufen besteht ein Fachkräftemangel, bedingt durch die steigende Nachfrage nach qualifiziertem Pflegepersonal aufgrund der alternden Gesellschaft. Unternehmen in den Bereichen Produktion, Gesundheit und Bildung sowie solche, die stark von technologischen Veränderungen betroffen sind, sind daher aufgefordert, verstärkte Maßnahmen zu ergreifen, um ihre Arbeitgeberattraktivität zu steigern und Mitarbeiter langfristig zu binden. Die zentrale Zielsetzung besteht darin, attraktive Arbeitsplätze und ein positives Arbeitsumfeld zu schaffen, in dem die Mitarbeiter gerne arbeiten.

Herausforderung 4: Erhöhte Vielfalt und Mobilität bei Arbeitnehmergruppen

Insbesondere die Beachtung der unterschiedlichen Bedürfnisse verschiedener Mitarbeitergruppen wie Frauen, Arbeitnehmer über 60, digitale/globale Nomaden und Immigranten ist von großer Bedeutung. Es ist entscheidend sicherzustellen, dass die vielfältigen Anforderungen durch neue Arbeitsmodelle wie Jobsharing, Teilzeitarbeit, Remote-Arbeit und hybride Modelle angemessen berücksichtigt werden. Darüber hinaus sollten Anpassungen von Unternehmensstrukturen und -praktiken erwogen werden, darunter faire Bezahlungen, lebensphasenbedingte Benefits sowie berufliche Auszeiten oder Workations. Die Vielfalt erfordert darüber hinaus kreativere und innovative Ansätze in der Unternehmensführung, der Personalentwicklung und im Management.

Herausforderung 5: Nachhaltigkeit und Klimawandel

Um Umweltauswirkungen zu minimieren und sozial verantwortlich zu handeln, ist es für Unternehmen entscheidender denn je, nachhaltige Praktiken und Geschäftsmodelle zu entwickeln. Unternehmen stehen vor der Erwartung, ethische Unternehmensführung zu demonstrieren und einen positiven Einfluss auf die Welt auszuüben. Dies erfordert eine Neubewertung der Unternehmensziele und eine verstärkte Integration von ethischer Führung und sozialer Verantwortung in die Unternehmenskultur. Eine proaktive Ausrichtung auf Nachhaltigkeit und soziale Verantwortung verbessert nicht nur die Reputation eines Unternehmens, sondern trägt auch dazu bei, Mitarbeiter zu binden und Talente zu gewinnen. Vor allem für die jüngeren Generationen ist Nachhaltigkeit und Sinn ein wichtiges Thema bei der Jobauswahl (Maj, 2020; Hanson-Rasmussen, 2014).

Herausforderung 6: Generationenwandel und Auswirkungen von Krisenzeiten

Der Generationswandel und die Auswirkungen von Krisenzeiten verstärken die Notwendigkeit, das Wohlbefinden der Mitarbeiter in den Fokus zu rücken. Die Pandemie hat dieses Bedürfnis noch beschleunigt. In einer Zeit des Wandels und der Unsicherheit gewinnt das Wohlbefinden an Bedeutung. Mitarbeiter erwarten nicht nur einen sicheren Arbeitsplatz, sondern auch einen Beitrag zu ihrer Lebensqualität. Eine positive Unternehmenskultur und der Fokus auf das Wohlbefinden, Resilienz und psychische Gesundheit sind entscheidende Elemente, um Mitarbeiter zu binden und ihre Leistungsfähigkeit in Zeiten von Stress und Unsicherheit aufrechtzuerhalten.

4.2 Next Generation Leadership

KI, Automatisierung, Digitalisierung, Fachkräftemangel, Klimawandel, Pandemie, Krisen und Krieg. Wir leben in turbulenten Zeiten, in denen Überforderung, Stress und Einsamkeit zunehmend überhandnehmen. Unternehmen können es sich nicht mehr leisten, das Wohlbefinden der Mitarbeiter zu ignorieren. Der strategische Blick auf die menschlichen Bedürfnisse wird zunehmend als unverzichtbarer Faktor erkannt, der nicht nur die individuelle Lebensqualität der Mitarbeiter beeinflusst, sondern auch den langfristigen Erfolg und die Resilienz des Unternehmens.

In meiner täglichen Arbeit mit deutschen Führungskräften beobachte ich vermehrt den Wunsch, einen »anderen«, stärker menschenzentrierten Führungsstil zu entwickeln. Dabei liegt der Fokus verstärkt auf Selbstreflexion, individuellen Bedürfnissen, emotionaler Intelligenz, dem Wohlbefinden der Mitarbeiter und einer positiven Führung. Diesen Wunsch beobachte ich insbesondere beim Mittelmanagement – die Managementebene in einer Organisationsstruktur, die zwischen der obersten Führungsebene (Topmanagement) und der operativen Ebene angesiedelt ist. Das Mittelmanagement spielt eine entscheidende Rolle bei der Umsetzung der Unternehmensstrategie und der Koordination der täglichen Geschäftsaktivitäten.

Oft erlebe ich, dass das Mittelmanagement sowohl hinsichtlich positiver Vorbilder als auch in Bezug auf die Kenntnis der notwendigen Werkzeuge Entwicklungsbedarf hat, um ihre Führungsrolle entsprechend gestalten und eine positive Arbeitsatmosphäre kreieren zu können.

4.2.1 Moderne Führungskompetenzen

Durch Erkenntnisse aus der Führungsforschung und Psychologie der letzten Jahrzehnte unterscheidet sich die Definition von »guter Führung« heute grundlegend von der vor 25 Jahren. Die schnelllebige Arbeitswelt, geprägt von Technologie und ständigem Wandel, verstärkt die Notwendigkeit für die entsprechenden Führungskompetenzen wie beispielsweise:

- Resilienz und Anpassungsfähigkeit: die Fähigkeit, durch zunehmende Komplexität und Unsicherheit zu führen
- Führung auf Distanz: die Fähigkeit zur Fernführung und das Management von Teams auf Remote-Basis
- Urteilsvermögen und Entscheidungsfindung: die Fähigkeit, in einem schnelleren Tempo kritisch zu analysieren und Entscheidungen zu treffen
- Veränderungsbereitschaft und -management: die Fähigkeit, mit schnellen Veränderungen und neuen Technologien umzugehen und den Wandel voranzutreiben
- Selbstführung und Selbstreflexion: Moderne Führungskräfte sollten ihre eigenen Stärken und Schwächen kennen, in der Lage sein, sich selbst zu führen und kontinuierlich an ihrer persönlichen und beruflichen Entwicklung zu arbeiten
- Empathie und Emotionale Intelligenz: Das Verständnis für die Bedürfnisse und Emotionen der Teammitglieder sowie die Fähigkeit empathisch zu handeln, fördern ein positives Arbeitsumfeld

4.2.2 Werte, Wünsche und Bedürfnisse der verschiedenen Generationen

Sehr oft werden die Bedürfnisse und Ansprüche der »Gen Z« als Treiber für neue Führungsansprüche genannt. Die heutige Arbeitswelt besteht aus vier Generationen:

- Babyboomer (20 Prozent),
- Generation X (35 Prozent),

- Millennials (35 Prozent) und
- Generation Z (10 Prozent).

Bis 2025 wird die Generation Z etwa 27 Prozent der Arbeitskräfte und ein Drittel der Weltbevölkerung ausmachen. Aufgrund ihres Aufwachsens in verschiedenen sozialen und politischen Epochen haben sich Werte, Wünsche und Bedürfnisse der verschiedenen Generationen im Erwachsenenalter unterschiedlich entwickelt (Kasser et al, 2022).

Generationenprofil 1: Babyboomer

Die Babyboomer wurden zwischen 1943 und 1964 geboren. Sie wuchsen in der Nachkriegszeit auf, in einer Gesellschaft mit begrenzten Ressourcen, begrenzten Arbeitsplätzen und begrenzter Bildung. Diese Generation zeichnet sich durch einen starken Wettbewerbsgeist aus.

Viele leben nach dem Prinzip *»Arbeite so hart wie möglich, und dann arbeite noch härter beim nächsten Mal«.*

Typische Arbeitsplatzwerte dieser Gruppe sind arbeitszentriert, konservativ, wettbewerbsorientiert, zielorientiert und karriereorientiert. Das bedeutet, dass für sie Effizienz und Leistung am Arbeitsplatz an erster Stelle stehen, während die Work-Life-Balance häufig weniger wichtig ist, da die Arbeit oft das Zentrum ihres Lebens bildet.

Generationenprofil 2: Generation X

Geboren zwischen 1965 und 1978 ist die Generation X in einer Zeit aufgewachsen, die von frühen technologischen Entwicklungen (Analog zu Digital), tiefgreifenden sozialen und politischen Veränderungen und weniger elterlicher Aufsicht geprägt war. Das hat eine Generation hervorgebracht, die unabhängig und flexibel ist. Im Gegensatz zu den Babyboomern legt die Generation X oft mehr Wert auf ein ausgewogenes Verhältnis von Arbeit und Freizeit.

Die Generation X lebt nach dem Motto *»work hard, play hard«.*

Typische Arbeitsplatzwerte für diese Gruppe sind Unabhängigkeit und Selbstständigkeit, eine gesunde Work-Life-Balance, Flexibilität und die kreative Nutzung von Technologien.

Generationenprofil 3: Generation Y/Millennials

Geboren zwischen 1979 und 1998 sind die Millennials in einer wirtschaftlich stabilen und technologisch fortschreitenden Gesellschaft aufgewachsen. Diese Generation hat die Bedeutung und die Vorteile einer ausgewogenen Work-Life-Balance gesehen, die von der Generation X betont wurde. Das hat dazu geführt, dass Millennials als eine fortschrittliche und empathische Generation gelten, die als Erste moralische Werte in den Arbeitsplatz integriert hat. Sie streben oft danach, nur in Umgebungen zu arbeiten, die mit ihren grundlegenden sozialpolitischen Werten übereinstimmen, selbst wenn das bedeutet, auf einen Teil ihres Gehalts zu verzichten.

Die Arbeitsmentalität der Millennials lässt sich am besten als *»work hard, play harder, but try to work where you can see yourself play«* beschreiben.

Typische Arbeitsplatzwerte sind persönliche und häufige interne Kommunikation, Vielfalt und Inklusion, Flexibilität, Teamarbeit sowie die Priorisierung von beruflichem Wachstum und persönlicher Entwicklung.

Generationenprofil 4: Generation Z

Die Generation Z, geboren zwischen 1998 und 2010, wächst als erste Generation überhaupt als »Digital Natives« auf. Sie erlebt eine instabile Zeit, geprägt von globalen wirtschaftlichen und gesundheitlichen Herausforderungen, wie der weltweiten Finanzkrise, dem Klimanotstand und der Covid-19-Pandemie. Die Generation Z ist mit den Möglichkeiten einer digital vernetzten Welt groß geworden. Online-Diskussionen, Austausch und Interaktion sind Teil ihres Alltags. Es wird mehr verglichen und hinterfragt als in früheren Generationen.

Die Denkweise der Generation Z lässt sich am besten als *»Lieber arbeitslos, als einen Job der nicht glücklich macht«* beschreiben, ohne Probleme damit zu haben, ein Unternehmen oder eine Firma zu verlassen, die im Widerspruch zu ihren Überzeugungen steht.

Typische Arbeitsplatzwerte sind die Unterstützung der psychischen Gesundheit, Flexibilität, Identifikation mit den Unternehmenswerten, Selbstverwirklichung, technologische Integration sowie Feedback und Anerkennung.

Generationenübergreifendes Arbeitsglück

Auch wenn die unterschiedlich geprägten Generationen die jeweilige Arbeitsmoral beeinflussen können, sind die fünf Faktoren, die Arbeitsglück ausmachen – Sicherheit, Sinnempfinden, Soziale Verbundenheit, Selbstverwirklichung und persönliche Balance – generationsübergreifend relevant.

Studien bestätigen, dass nicht so sehr die Unterschiede zwischen den Generationen, sondern viel mehr die Veränderungen in der Arbeitswelt dazu geführt haben, dass neue Generationen Arbeit und Führung anders definieren.

Das Bedürfnis nach einer Unternehmensführung, die konsequent auf Wohlbefinden, Freiheit, Selbstständigkeit und Teilhabe an der Gemeinschaft (auch unter »New Work« bekannt) fokussiert ist, ist in allen vier Generationen durch die veränderte Arbeitswelt wichtiger geworden.

5 Happiness at Work im internationalen Vergleich

Im Arbeitsleben können alle – manche mehr, manche weniger – die Bedingungen ihrer Arbeitsverhältnisse gestalten. Es gibt in sehr vielen Fällen deutlich mehr Flexibilität. Zudem ist die Implementierung von anderen Arbeitsformen möglich. Viele versuchen es nur nicht. Der Vorwand »Können wir aus rechtlichen Gründen nicht machen« ist fast immer ein nicht stichhaltiges Scheinargument.

Smaro Sideri, Fachanwältin für Arbeitsrecht und Podcast Host »Attraktive Arbeitgeber«

5.1 Spotlight Deutschland

Pünktlich, effizient, formal, fleißig und genau – das sind einige gängige Stereotypen über Deutsche bei der Arbeit. Wohlbefinden, Spaß, Glück und Selbstführung werden nicht unbedingt mit der deutschen Arbeitskultur in Verbindung gebracht. Warum ist das so?

Deutschland, bekannt für seine wirtschaftliche Stärke und produktive Arbeitskultur, hat das Glück am Arbeitsplatz lange Zeit nicht vollständig angenommen. Ich sehe drei Erklärungen dafür:

Erklärung 1: Kulturelle Werte

Interkulturelle Forschung bestätigt, dass die deutsche Kultur traditionell einen starken Schwerpunkt auf Disziplin, harte Arbeit, Leistung und Erfolg legt (Hofstede, 2001, 1984). Das Wertesystem wird bereits in der Grundschule geformt. Die Schule ist in Deutschland geprägt vom »Ernst des Lebens«. Leistung und das Streben nach Exzellenz in einem Bereich sind oft die vorherrschenden Ziele, sowohl in der Schule, als auch im beruflichen Umfeld. Es gibt auch Länder, in denen Lebensqualität ein Zeichen für Erfolg ist und es kein Ziel ist, sich von der Masse abzuheben (zum Beispiel in den Niederlanden und Dänemark). In diesen Kulturen ist »Liebe, was du tust« ein stärkerer Motivator als »Sei der Beste«. In Ländern mit solchen kulturellen Ausprägungen wird es kulturell bedingt als erstrebenswerter oder normal angesehen, persönliches Glück bei der Arbeit und im Leben zu priorisieren.

Erklärung 2: Historisches Erbe

Deutschland hat eine Geschichte der Industrialisierung und einen starken Fokus auf Produktivität. Dies könnte in der Vergangenheit die Bedeutung von Mitarbeiterwohlbefinden und Glück überlagert haben. Ein gutes Beispiel dafür findet sich in dem Wort »Feierabend«. Es umfasst die Idee, dass die Menschen erst nach getaner Arbeit Zeit für Persönliches, für Genuss, soziale Kontakte und vergnügliche Aktivitäten haben. Das Wort »Feierabend« entstammt den Zeiten der Industrialisierung im 19. Jahrhundert in Deutschland, als Arbeiter für bessere Arbeitsbedingungen und kürzere Arbeitszeiten kämpften. Die Idee, nach der Arbeit Zeit für Entspannung und Vergnügen zu haben, gewann daher an Bedeutung. Obwohl das Markieren des Endes des Arbeitstages zu einer gesunden Work-Life-Balance beitragen kann, impliziert das Wort »Feierabend« auch, dass die Arbeitszeit das Gegenteil von etwas ist, das mit Freude, positive Emotionen und Selbstverwirklichung verknüpft ist.

Erklärung 3: Führungsstile

Die berufliche Landschaft Deutschlands wird oft noch von hierarchischen Strukturen geprägt, die Respekt vor Autorität betonen. Diese Strukturen fördern möglicherweise nicht immer eine offene Kommunikation und den Umgang mit persönlichen Emotionen, die entscheidenden Faktoren für das Fördern von Arbeitsglück sind. Historisch gesehen wurden Arbeit und Privatleben in Deutschland als streng getrennt betrachtet, was durch die förmliche Anrede aller, die mit der Arbeit verbunden sind, wie Kollegen, Führungskräfte, Kunden, Lieferanten und anderen Schnittstellen, mit dem »Sie« betont wurde. Als ich angefangen habe, in Deutschland zu arbeiten, war das verwirrend für mich. Warum werden die Menschen, mit denen man so viel Zeit verbringt, gesiezt? Warum werden sie damit »auf Abstand« gehalten?

Obwohl Deutschland das Arbeitsglück historisch gesehen vielleicht nicht vollständig angenommen hat, ist meine Beobachtung, dass in den letzten Jahren in vielen Unternehmen in Deutschland – beschleunigt durch die Pandemie – das Bewusstsein für die Bedeutung des Mitarbeiterwohlbefindens stärker geworden ist. Immer mehr Unternehmen beschäftigen sich damit, glücklichere und ausgewogenere Arbeitsumgebungen zu schaffen. Ich sehe sehr viel Potenzial für deutsche Organisationen, Tradition mit neuen Arbeitsrichtungen in Einklang zu bringen und Arbeitsplätze zu schaffen, in denen sowohl Produktivität als auch Wohlbefinden gedeihen können.

Fünf Fragen zum deutschen Arbeitsrecht und Happiness at Work an Smaro Sideri, Fachanwältin für Arbeitsrecht und Podcast Host »Attraktive Arbeitgeber«

1. **Welche gesetzlichen Verpflichtungen gibt es in Deutschland bezüglich Wohlbefinden und Glück der Arbeitnehmer, insbesondere in Bezug auf Stress, psychische Gesundheit und Prävention?**

In Deutschland gibt es mehrere Gesetze, die den Schutz und die Förderung des Wohlbefindens der Arbeitnehmer am Arbeitsplatz regeln. Insgesamt bilden diese Gesetze den rechtlichen Rahmen für das Wohlbefinden der Arbeitnehmer:

Das **Arbeitszeitgesetz** legt beispielsweise Höchstarbeitszeiten (maximal zehn Stunden am Tag), Pausen- und Ruhezeiten fest, um die Sicherheit und den Gesundheitsschutz der Arbeitnehmer zu gewährleisten. So gibt § 5 des Arbeitszeitgesetzes vor, dass zwischen zwei Arbeitstagen zwingend eine Ruhepause von elf Stunden einzuhalten ist (Ausnahmen in bestimmten Branchen und durch Tarifvertrag möglich). Verstöße gegen diese Vorgaben können mit Bußgeldern bis zu 30.000 Euro pro Verstoß geahndet werden.

Das **Arbeitsschutzgesetz und das Arbeitssicherheitsgesetz** verpflichten Arbeitgeber, die Arbeitsplätze so zu gestalten, dass Gefährdungen vermieden und die Sicherheit im Betrieb gewährleistet wird. In § 4 des Arbeitsschutzgesetzes steht zum Beispiel, dass die Arbeit so zu gestalten ist, dass eine Gefährdung für das Leben sowie die physische und psychische Gesundheit möglichst vermieden und die verbleibende Gefährdung möglichst gering gehalten wird.

Das **Allgemeine Gleichbehandlungsgesetz (AGG)** zielt darauf ab, Diskriminierung oder Ungleichbehandlung aufgrund bestimmter Merkmale zu verhindern. Die geschützten Merkmale nach diesem Gesetz sind: Geschlecht, Herkunft, Religion oder Weltanschauung, Alter, Behinderung und sexuelle Identität. Betroffene können bei Diskriminierung bei der Antidiskriminierungsstelle des Bundes Beschwerde einreichen. Je nach Fall und Situation bestehen Entschädigungsansprüche.

Das **Grundgesetz** schützt die freie Entfaltung der Persönlichkeit (Art. 2 GG) und regelt den Grundsatz der Gleichbehandlung (Art. 3 GG).

2. **Die Schaffung einer Arbeitsumgebung, die das Wohlbefinden der Mitarbeiter fördert, erfordert unter anderem die Berücksichtigung individueller Bedürfnisse und damit die Einführung neuer Arbeitsmodelle wie Remote-Arbeit, flexiblen Arbeitszeiten oder Jobsharing. Wo siehst du dafür gesetzliche Einschränkungen und wo bietet die Gesetzgebung Chancen?**

Neue Arbeitsmodelle sind in deutschen Gesetzen so gut wie gar nicht ausdrücklich geregelt. Dennoch bieten bestehende Gesetze Raum für individuelle oder betriebliche Regelungen.

Flexible Arbeitszeiten und Remote-Arbeit können unter Beachtung des Arbeitszeitgesetzes arbeitsvertraglich festgelegt werden. Die Varianten sind dabei vielfältig und richten sich nach den Bedürfnissen der Vertragsparteien. Betriebsvereinbarungen, insbesondere in Betrieben mit Betriebsräten, können Regelungen zu Arbeitszeit und -ort enthalten. Sehr häufig gibt es aktuelle Betriebsvereinbarungen, die das Verhältnis zwischen mobiler Arbeit und Arbeit vor Ort regeln (z.B. drei Tage in Präsenz im Büro, zwei Tage remote). In tarifgebundenen Betrieben regeln verschiedene Tarifverträge je nach Branche die Bedingungen der Arbeitszeiten.

In § 13 Teilzeit- und Befristungsgesetz ist eine Regelung zur Arbeitsplatzteilung (Jobsharing) zu finden. Dort ist lediglich die Möglichkeit der Aufteilung einer Arbeitsstelle auf zwei Personen als Möglichkeit vorgesehen. Erforderlich ist aber die individuelle Vereinbarung mit dem Arbeitgeber.

3. **Im Kontext von Arbeitsglück wird Transparenz am Arbeitsplatz häufig als ein wichtiger Faktor genannt. Das kann zum Beispiel mit der Offenlegung der Gehälter umgesetzt werden. Welche rechtlichen Aspekte sollten Unternehmen dabei beachten, insbesondere vor dem Hintergrund des Entgelttransparenzgesetzes in Deutschland?**

Das Thema Lohntransparenz ist in Deutschland oft immer noch ein Tabu. Dabei ergibt sich der Gleichbehandlungsgrundsatz und damit auch der »equal pay«-Grundsatz direkt aus Art. 3 des Grundgesetzes.

Seit 2017 gilt in Deutschland das Entgelttransparenzgesetz, das die Lohntransparenz fördern und eine gleiche Bezahlung von Frauen und Männern erreichen möchte. Jedoch sind die Hürden in diesem Gesetz hoch. Arbeitnehmer haben nach diesem Gesetz Anspruch darauf, den Mittelwert der Gehälter von vergleichbaren Kollegen oder Kolleginnen zu erfahren. Allerdings gilt dieser Auskunftsanspruch erst ab einer Betriebsgröße von 200 Mitarbeitern und der oder diejenige, der die Auskunft verlangt, muss mindestens sechs vergleichbare Kollegen angeben.

Nach einer aktuellen Lohntransparenzrichtlinie der EU sollen diese Hürden abgeschwächt werden, um mehr Lohntransparenz zu erreichen. Die gesetzliche Umsetzung dieser Richtlinie wird aber noch dauern und die tatsächliche Umsetzung in der Praxis noch länger.

Es ist natürlich allen Unternehmen freigestellt, bereits jetzt offen über Gehälter zu sprechen und sie auch in Stellenanzeigen anzugeben. Bisher setzen dies jedoch wenige Unternehmen um. Ganz im Gegenteil, oft werden Gehaltsgespräche zwischen den Kollegen von Arbeitgebern unterbunden.

4. **Welche rechtlichen Möglichkeiten haben Unternehmen, das Wohlbefinden der Mitarbeiter auf einfache oder kostengünstige Weise zu fördern?**

Unternehmen können mittels steuerfreier Zuwendungen das Wohlbefinden der Mitarbeiter fördern. Bis zu 50 Euro pro Monat – das kann sich also im Jahr immerhin auf 600 Euro summieren – stehen pro Mitarbeiter steuerfrei zur Verfügung z. B. für Gesundheitszuschüsse. Diese Zuschüsse können für Maßnahmen wie Fitnessangebote oder Massagen genutzt werden. Doch viele Unternehmen nutzen diese Möglichkeit bisher kaum oder gar nicht (siehe auch das Interview mit Bonos, Kapitel 9.4).

5. **Was können Arbeitnehmer tun, wenn ihr Arbeitgeber eine gesunde Work-Life-Balance nicht unterstützt und das Arbeitsumfeld durch hohen Stress und Toxizität beeinträchtigt ist?**

Je nach Situation können Arbeitnehmer eine innerbetriebliche Beschwerdestelle kontaktieren und diese Stelle mit der Beseitigung der »Störung« beauftragen. In manchen Fällen können externe Stellen in Anspruch genommen werden, vom Gewerbeaufsichtsamt, der Antidiskriminierungsstelle bis zur Staatsanwaltschaft, wenn ein möglicherweise strafrechtlich relevanter Fall vorliegt. In solchen Situationen entscheiden sich aber viele Arbeitnehmer eher dazu, den Arbeitgeber zu wechseln und so das toxische Umfeld zu verlassen.

Mit ihrem Podcast »Attraktive Arbeitgeber« setzt Smaro sich für eine bessere Arbeitswelt ein, mit Arbeitsbedingungen und -modellen, die sowohl für Arbeitgeber als auch für Arbeitnehmer passen. Mehr Informationen findest du auf https://arbeitsrecht-sideri.de/podcast *(abgerufen am 14.02.2024)*

5.2 Die Vereinigten Arabischen Emirate und Europa

Mit der Gründung des Ministeriums für »Happiness and Wellbeing« in Dubai im Jahr 2016 wurde das Thema Glück zu einem strategischen Schwerpunkt auf der nationalen Agenda. Das spiegelte sich in vielen Initiativen in der gesamten Gesellschaft wider: Es wurden Maßnahmen ergriffen in Bereichen wie Infrastruktur, Sicherheit, Gesundheitswesen, Servicecentern, Bildung.

Ein Beispiel für diese Bemühungen war die Eröffnung von Outdoor-Fitnessorten für alle in der gesamten Stadt. Ein anderes Beispiel war die Einführung der »Happiness Patrol«, eine Initiative der Polizei, bei der vorbildliches Verhalten im Verkehr durch mobile Agenten mit Auszeichnungen belohnt wird. Die Regierung verbesserte ihre Dienstleistungen und entwickelte Apps, die das tägliche Leben der Einwohner erleichtern sollten. Eine solche App ist die Unfall-App, mit der Beteiligte innerhalb weniger Minuten die Situation bei einem Verkehrsunfall erfassen und sofort an die Polizei und die Versicherung melden können.

Auch in öffentlichen und privaten Organisationen in Dubai rückte Happiness stärker in den Fokus. Es wurden Chief Happiness Officer ernannt und Initiativen für Glück und Wohlbefinden bei der Arbeit eingeführt. Zu diesen Initiativen gehören beispielsweise regelmäßige Glücksmessungen, monatliche Glückssessions (in denen sich die Mitarbeiter ihrer geistigen und körperlichen Gesundheit widmen konnten), Auszeichnungen für Mitarbeiter, die zum Glück ihrer Kollegen beigetragen hatten, ein stärkenbasierter Führungsansatz und Gespräche zwischen Vorgesetzten und Mitarbeitern über das Thema Arbeitsglück.

»Happiness at Work« in verschiedenen europäischen Sprachen.

Als ich einige Jahre später wieder in Deutschland war, fiel mir auf, dass Arbeitsglück auch in einigen Ländern Europas an Bedeutung gewonnen hatte. In den Niederlanden, in Belgien und in Dänemark hatten unterschiedliche Institute und Universitäten (Woohoo Academy, Gelukkig Werken Academy, Erasmus University) angefangen, Kurse in den Masterstudiengängen zum Thema Glück am Arbeitsplatz anzubieten. Berater, Coaches und Führungskräfte wurden ausgebildet und der Titel des HR Directors wurde in vielen Organisationen in Chief Happiness Officer geändert. In anderen europäischen Ländern, darunter Deutschland, gab es überhaupt keine Anzeichen dafür, dass das Glück im Geschäftsleben eine höhere Bedeutung erlangt hatte. Mir wurde klar, dass kulturelle Einflüsse dazu beigetragen haben müssen, die Bedeutung des Arbeitsglücks in den verschiedenen europäischen Ländern zu fördern bzw. zu behindern. Nach weiterer Recherche, basierend auf den Hofstede Cultural Dimensions (1984,

2001) und der Culture Map von Erin Meyer (2016), sowie nach Interviews mit Experten aus unterschiedlichen europäischen Ländern wurde diese Vermutung bestätigt.

In diesem Kapitel lasse ich fünf europäische Experten für Arbeitsglück aus verschiedenen angrenzenden Ländern rund um Deutschland zu Wort kommen. Sie beleuchten das Glück am Arbeitsplatz in ihren jeweiligen Ländern im Kontext ihrer kulturellen Normen und Werte sowie der Organisationen, mit denen sie zusammenarbeiten.

5.2.1 Dänemark: Die Geheimnisse hinter Arbejdsglæde

Fünf Fragen an Alexander Kjerulf, Chief Happiness Officer – Woohoo Inc., Speaker und Autor der Bücher »Happy hour is 9 to 5« und »Leading with Happiness«

1. **Dänemark ist als eines der Länder mit den glücklichsten Arbeitnehmern der Welt bekannt. Wie tragen die dänische Kultur und die gesellschaftlichen Faktoren zu diesem Glück bei?**

Es gibt zahlreiche historische Gründe, aber um nur einige zu nennen: In Dänemark haben wir extrem kurze Arbeitszeiten, sowie eine bewusste Priorisierung, die die Mitarbeiter außerordentlich glücklich macht. Unsere Arbeitsplätze sind durch eine bemerkenswerte Egalität und geringe Hierarchie geprägt, was den Menschen Freiheit und Bedeutung in ihrer Arbeit gibt. Eine starke Mitarbeiterdemokratie sorgt dafür, dass Mitarbeiter in Entscheidungen eingebunden sind, was fantastisch ist. Zudem legen wir einen bedeutenden Fokus auf Bildung und lebenslanges Lernen, nicht nur in Schulen und Universitäten, sondern auch für erwachsene Fachleute. Dänemark investiert hier mehr Geld als jedes andere Land in der OECD (Organization for Economic Cooperation and Development). Dies alles trägt dazu bei, dass die dänischen Arbeitsplätze zu den glücklichsten in der Welt gehören. Es ist fest in der dänischen Kultur verankert, dass Arbeit nicht nur bedeutet, Geld zu verdienen, sondern vielmehr eine schöne Zeit und Spaß zu haben.

2. **Kannst du konkrete Beispiele oder Praktiken von dänischen Unternehmen teilen, die sich in der Schaffung von Glück am Arbeitsplatz hervortun?**

Ja, definitiv. Was in dänischen Arbeitsumgebungen immer wieder auffällt, entspricht meinem Modell darüber, was uns bei der Arbeit glücklich macht: Ergebnisse und Beziehungen. Dänische Arbeitsplätze zeichnen sich durch die Fähigkeit aus, den Mitarbeitern Autonomie zu gewähren – die Freiheit, auf ihre eigene Weise zu arbeiten, um herausragende Ergebnisse zu erzielen und das Gefühl zu haben, einen bedeutsamen Beitrag geleistet zu haben. In diesen Arbeitsumgebungen herrscht eine sehr informelle Atmosphäre. Man würde seinen Chef nie mit dem Nachnamen ansprechen. Es wäre nie »Herr« oder »Frau«; stattdessen ist es immer nur Jens, Lars, Pia oder wie auch immer. Das bedeutet, dass wir alle miteinander verbunden sind. Eine amüsante Tradition an dänischen Arbeitsplätzen ist es, dass Kollegen deinen Arbeitsbereich mit Girlanden und Luftballons schmücken, wenn du Geburtstag hast. Es ist durchaus üblich, dass Leute ihren Kollegen zum Geburtstag Kuchen mitbringen. Solche Traditionen sind außergewöhnlich und tragen dazu bei, die dänischen Mitarbeiter glücklich zu machen und gleichzeitig positive Ergebnisse in den zwischenmenschlichen Beziehungen zu schaffen.

3. **Was können deutsche Organisationen und Führungskräfte von der dänischen Herangehensweise lernen, um an Arbeitsplätzen mehr Arbeitsglück zu schaffen?**

Das Glück der Mitarbeiter als Priorität, das ist entscheidend für dänische Arbeitsplätze, und ist, soweit ich das sehe, in Deutschland weniger ausgeprägt. Daher wäre es wünschenswert, mehr deutsche Unternehmen zu sehen, die betonen: »Das Wichtigste in unserem Unternehmen ist, dass unsere Mitarbeiter glücklich sind, denn ihre Zufriedenheit führt zu besseren Ergebnissen.« Dies ist definitiv die Herangehensweise, die wir in Dänemark verfolgen, jedoch weniger in anderen Ländern weltweit.

4. **In deinem neuesten Buch »Leading With Happiness« erforschst du, wie die besten Führungskräfte Glück priorisieren. Welche Schlüsselmerkmale oder Handlungen zeigen diese Führungskräfte und wie wirkt sich das auf ihre Organisationen positiv aus?**

Der Einfluss besteht natürlich darin, dass glückliche Mitarbeiter ihre Aufgaben besser erledigen. Ein zufriedenes Team trägt dazu bei, dass das Unternehmen profitabler wird, und das ist vorteilhaft. Doch wie wird das erreicht? Meiner Ansicht nach sollten Führungskräfte bei sich selbst beginnen. Wenn die Führungskraft nicht glücklich ist, kann das eine negative Kettenreaktion bei den Teammitgliedern auslösen – eine emotionale Ansteckung. In diesem Zusammenhang ist es meiner Überzeugung nach wichtig, dass Führungskräfte ihre Aufmerksamkeit darauf richten, wie sie täglich Ergebnisse erzielen und gleichzeitig positive Beziehungen zu ihren Mitarbeitern aufbauen können. Führungskräfte können verschiedene praktische Maßnahmen ergreifen. Für mich sind einige der effektivsten Handlungen überraschend einfach, wie beispielsweise morgens ein freundliches »Guten Morgen« an die Mitarbeiter zu richten, positives Feedback und Anerkennung zu geben, wenn gute Arbeit geleistet wird, den Mitarbeitern zuzuhören, wenn sie Probleme haben sowie aktiv nach Lösungen zu suchen. Es sind auch kleine Gesten der Freundlichkeit am Arbeitsplatz, bei denen man aus dem Nichts etwas Nettes für die Mitarbeiter tut. Solche Handlungen schaffen tagtäglich positive Ergebnisse in den zwischenmenschlichen Beziehungen. Selbstverständlich sollten dabei auch einige der Probleme angegangen werden, die am modernen Arbeitsplatz auftreten, wie übermäßige Arbeitsbelastung, schlechtes Management und toxische Vorgesetzte. Es ist wichtig sicherzustellen, dass solche Herausforderungen aus dem Arbeitsumfeld beseitigt werden.

5. **Als einer der weltweit führenden Experten für Arbeitsglück: Welche Chancen oder Entwicklungen siehst du in Zukunft für das Glück bei der Arbeit? Und welche Einschränkungen gibt es?**

In den zwei Jahrzehnten, in denen ich in diesem Bereich tätig bin, gibt es eine konstante und zunehmende Betonung des Glücks am Arbeitsplatz. Diese Entwicklung birgt ein enormes Potenzial, da immer mehr Unternehmen ihre Aufmerksamkeit darauf richten. Sobald das Konzept in einer Branche, einem Sektor oder einem Land Fuß fasst, neigt es dazu, sich zu verbreiten. Der Dominoeffekt tritt ein, weil andere Unternehmen sich verpflichtet fühlen, dem Beispiel zu folgen. Vor etwa 30 Jahren erlebten wir dieses Phänomen in Technologieunternehmen, und es breitete sich in der Telekommunikation und dem Finanzwesen aus, wenn auch mit Variationen zwischen verschiedenen Ländern. Einen Dominoeffekt sehe ich gerade auch im Nahen Osten, wo der Fokus auf Glück am Arbeitsplatz aktuell besonders stark ist.

Einige bemerkenswerte Entwicklungen, die zu dieser Dynamik beitragen, sind die Erkundung alternativer Arbeitsstrukturen, wie der 30-Stunden-Arbeitswoche oder der Viertagewoche. Diese Innovationen sind vielversprechend für die Förderung von Glück am Arbeitsplatz. Die wachsende Nachfrage nach sinnvoller Arbeit und angemessenen Arbeitszeiten, insbesondere in der jüngeren Generation, ist eine treibende Kraft. Diese strebt eine faire Behandlung am Arbeitsplatz an und spielt eine entscheidende Rolle bei der Förderung dieser Veränderungen.

Trotz der positiven Entwicklungen ist es wichtig, auch auf Einschränkungen hinzuweisen. Eine bedeutsame Sorge betrifft eine Strömung neoliberalen Denkens, die den Zweck der Arbeit ausschließlich auf monetäre Kompensation reduziert. Diese Denkweise, besonders in den Vereinigten Staaten sichtbar, hat in den letzten 30 Jahren systematisch Gewerkschaften geschwächt und die Macht zugunsten der Arbeitgeber konsolidiert. Dieser Wandel hat zu erheblichen gesellschaftlichen Kosten geführt und toxische Arbeitsumgebungen gefördert.

Ein Blick in die Zukunft wirft die Frage auf, welche Rolle künstliche Intelligenz (KI) spielen wird. Auch wenn KI traditionelle menschliche Aufgaben übernehmen kann, bin ich optimistisch, dass Arbeit als wesentlicher Aspekt menschlicher Existenz erhalten bleibt. Selbst wenn sich Berufsrollen ändern und bestimmte Tätigkeiten überflüssig werden, werden Menschen immer neue Wege finden, um sich in der Arbeitswelt zu engagieren. Arbeit ist ein konstanter Bestandteil der menschlichen Zivilisation, der sich im Laufe der Zeit stetig weiterentwickelt und angepasst hat.

Mehr Inspiration und Information findest du auf www.positivesharing.com (abgerufen am 14.02.2024).

5.2.2 Belgien: Gesetzgebung für Wohlbefinden bei der Arbeit

Fünf Fragen an Griet Deca, Chief Happiness, Keynote Speaker, Autor, Trainer & Coach – Tryangle Happiness and Well-Being at Work

1. **Belgien ist eines der wenigen Länder in der Welt mit einem »Gesetz über das Wohlbefinden bei der Arbeit« (Welzijnswet). Kannst du uns einige Einblicke dazu geben?**

Die »Welzijnswet« aus dem Jahr 1996 hat einen langen Weg zurückgelegt und wurde ursprünglich ins Leben gerufen, um (physisch) sichere Arbeitsplätze zu schaffen. »De Codex« (wie das Gesetz damals genannt wurde) hat sich mit unserer Gesellschaft weiterentwickelt und sich zu einer umfassenden Gesetzgebung zum Wohlbefinden entwickelt. Was sagt dieses Gesetz aus? Heute ist jedes Unternehmen verpflichtet, das allgemeine Wohlbefinden seiner Mitarbeiter zu fördern. Die Bestimmungen gehen über grundlegende Maßnahmen zur Verhütung von Unfällen und zum Schutz vor Gesundheitsrisiken hinaus.

2. **Welche konkreten Vorschriften enthält das »Welzijnswet« für Unternehmen?**

Das Gesetz verpflichtet Unternehmen beispielsweise dazu, eine »Wohlbefinden-Strategie« einzuführen. Diese umfasst Maßnahmen wie die Bewältigung psychosozialer Risiken wie Mobbing, die regelmäßige Durchführung psychosozialer Messungen und Analysen, arbeitsmedizinische Überwachung, Erste-Hilfe-Maßnahmen, allgemeine Sicherheitsvorkehrungen sowie spezielle Vorschriften für Bildschirmarbeitsplätze und vieles mehr. Die Vorschriften variieren je nach Unternehmensgröße und Tätigkeitsart, fordern jedoch von Unternehmen die Umsetzung von Maßnahmen zum Schutz und zur Förderung des Wohlbefindens ihrer Mitarbeiter.

3. **Welche Chancen und Risiken sind mit der Gesetzgebung verbunden?**

Das »Welzijnswet« ist gleichzeitig Segen und Fluch:

Ein Segen, da das Wohlbefinden seit Ende des letzten Jahrhunderts die Normalität in der Geschäftswelt in Belgien ist. Das Gesetz verpflichtet jedes Unternehmen dazu, daran zu arbeiten und daher darauf zu achten.

Ein Fluch, da die Umsetzung der Gesetzgebung stark von Unternehmen zu Unternehmen variiert. Eine gesetzlich vorgeschriebene jährliche Bewertung der Wohlbefinden-Strategie ist grundsätzlich ausreichend. Daher führt das Gesetz manche Unternehmen in die Sackgasse, »auf dem Papier in Ordnung zu sein«, aber »in der Realität keine Auswirkungen zu sehen«, weil nichts Wesentliches geschieht. In den letzten Jahren, insbesondere durch die Pandemie, hat sich dies jedoch deutlich verbessert.

4. **Kannst du ein Beispiel nennen, wie du erfolgreich das Wohlbefinden innerhalb einer Organisation gesteigert hast? Welchen Ansatz hast du verfolgt, und welche konkreten Ergebnisse und Auswirkungen konntest du erzielen?**

Ein führendes Unternehmen in der Automobilbranche bat uns, Maßnahmen gegen das hohe Stressniveau in ihrer Organisation zu ergreifen. In einem ersten Gespräch, in dem sie diese Herausforderung ansprachen, charakterisierten sie die Zielgruppe als hochqualifiziert, äußerst analytisch und wenig aufgeschlossen für Wohlbefinden, geschweige denn für Glück. In einem gemeinsamen, kreativen Gestaltungsprozess entschieden wir uns für eine »Mindful Journey« (achtsame Reise) und boten Workshops an, in denen wir die wissenschaftliche Forschung und Ergebnisse bezüglich »Achtsamkeit« erläuterten, achtsame Übungen vorstellten sowie Techniken erklärten, die im Notfall und präventiv angewendet werden können. Die Teilnahme am Workshop war freiwillig, und nur diejenigen, die interessiert waren, nahmen teil. Die Personalabteilung befürchtete zunächst, nur »die üblichen Verdächtigen« zu erreichen. Das war zu Beginn der Fall, aber durch intensive Arbeit verwandelten wir sie in Botschafter, wodurch sich immer mehr Menschen anmeldeten. Bevor wir es wussten, waren die ersten Workshops ausgebucht, und es gab dann sogar eine Warteliste! Schließlich hatte fast jeder an dem Workshop teilgenommen. Neben den Entscheidungsträgern arbeiteten wir auch eng mit der Kommunikationsabteilung zusammen, die eine Kampagne für Achtsamkeit mit Postern, Visuals, Zitaten und einem speziellen Puzzle erstellte. Jedes Puzzlestück repräsentierte eine Achtsamkeitsübung aus dem Workshop.

5. **Was können deutsche Organisationen und Führungskräfte vom Arbeitsglück in Belgien lernen?**

Da gibt es einige Punkte, ich will die sechs wichtigsten davon nennen:

- Achte darauf, die richtigen Begriffe zu wählen; wenn »Happiness at work« ein Problem sein könnte, nennen wir es »Wohlbefinden bei der Arbeit«.
- Stelle sicher, dass du eine Sprache sprichst, die die Menschen verstehen, insbesondere die Entscheidungsträger. Vielleicht muss dein CFO »den ROI des Glücks bei der Arbeit« verstehen, während dein CHRO wissen möchte, was für die Menschen drin ist. Passe die Formulierungen und Inhalte an deine Organisation, Kultur, Kontext und die Personen an.
- Setze auf einen nachhaltigen Ansatz anstelle einmaliger »Glücks-Initiativen«.
- Fang klein an und mache es einfach; verliere keine Jahre damit, Pläne zu schreiben und die perfekte Strategie zu entwickeln. Ein guter Plan ist wichtig, aber genauso bedeutsam sind schnelle Erfolge, die für alle sichtbar sind.
- Dein bester Partner bei der Einführung und Implementierung von Arbeitsglück ist die Kommunikationsabteilung.
- Wenn du die Unterstützung der Regierung auf irgendeine Weise erhalten kannst, ist Wohlbefinden im Job als Thema für Unternehmen zugänglicher.

Mehr über das »Welzijnswet« findest du auf: www.beschaeftigung.belgien.be/de/themen/wohlbefinden-am-arbeitsplatz (zuletzt abgerufen am 12.02.2024)

5.2.3 Die Niederlande: Poldermodell und Vrimibo

Fünf Fragen an Céline Lustig, Senior Corporate Happiness Expert – 2DAYSMOOD

1. **Niederländische Organisationen legen im europäischen Vergleich besonderen Wert auf das Wohlbefinden ihrer Mitarbeiter. Was sind deiner Ansicht nach die Gründe dafür, und welche Einflüsse haben Regierungspolitik, Arbeitsgesetze und interkulturelle Faktoren darauf?**

Die Fokussierung auf das Glück der Mitarbeiter in niederländischen Organisationen wird von einer Kombination verschiedener Faktoren beeinflusst. Eine wichtige Grundlage dafür sind solide Sozialleistungen wie soziale Sicherheit und Unterstützung bei Arbeitslosigkeit. Das niederländische Arbeitsgesetz legt fest, dass Arbeitgeber für die Sicherheit und Gesundheit der Mitarbeiter verantwortlich sind. Typisch für die Niederlande ist eine ausgeprägte Work-Life-Balance – Niederländer priorisieren private Zeit und haben daher kürzere Arbeitszeiten als in anderen europäischen Ländern. Ein wichtiger kultureller Wert dabei ist, dass die niederländische Gesellschaft großen Wert auf individuelles Wohlbefinden, persönliche Entwicklung und Lebensqualität legt. Dazu kommen eine offene Kommunikation und flache Organisationsstrukturen, was alles mit dem Fokus auf das Glück und Wohlbefinden der Mitarbeiter am Arbeitsplatz übereinstimmt.

2. **Welche spezifisch niederländischen Arbeitsplatztraditionen hast du in deiner Tätigkeit als Senior Corporate Happiness Expert identifiziert, die sich positiv auf das Glück und Wohlbefinden am Arbeitsplatz auswirken?**

Es gibt verschiedene spezifische niederländische Arbeitsplatztraditionen, die sich positiv auf das Glück und Wohlbefinden am Arbeitsplatz auswirken. Eine dieser Traditionen ist das Polder-Modell, ein kooperativer Ansatz, der die Beteiligung der Mitarbeiter an Entscheidungsfindungen betont und deren Perspektiven wertschätzt.

Eine schöne Tradition ist zudem das gemeinsame Mittagessen, bei dem der Fokus auf soziale Kontakte und dem besseren Kennenlernen der Kollegen liegt, nicht nur auf arbeitsbezogenen Austauschen. Das schafft eine freundliche und unterstützende Arbeitsumgebung.

Die Vrimibo (»vrijdagmiddagborrel«, oder Freitagnachmittag-Umtrunk), das gemeinsame Ausklingenlassen der Woche bei einem Getränk, fördert die Entspannung und den Aufbau positiver, zwangloser Beziehungen zwischen den Mitarbeitern.

Zusätzlich dazu wird in den Niederlanden oft die Fahrradkultur gepflegt, bei der Mitarbeiter mit dem Fahrrad zur Arbeit fahren. Diese Tradition trägt nicht nur zur Umweltfreundlichkeit bei, sondern fördert auch die Vitalität und Energie der Mitarbeiter.

3. **Mit 2DAYSMOOD unterstützt ihr Unternehmen dabei, datenbasierte Einblicke in das Wohlbefinden ihrer Mitarbeiter und die Gründe dahinter zu gewinnen. Wie stellt ihr sicher, dass die aus diesen Erkenntnissen abgeleiteten Ergebnisse nachhaltig aufgegriffen werden?**

Zusammen mit der Universität Utrecht haben wir 15 Treiber für das Arbeitsglück identifiziert. Wir messen die Leistung von Organisationen in Bezug auf die verschiedenen Treiber: Wie werden verschiedene Treiber durch die Mitarbeiter bewertet? Und wie tragen sie zum Wohlbefinden der Mitarbeiter bei? Diese Analysen unterstützen Unternehmen dabei, Schwerpunkte zu identifizieren und gegebenenfalls notwendige Interventionen zu erkennen, um das Glück ihrer Mitarbeiter zu steigern. Neben der Datensammlung entwickeln wir einen maßgeschneiderten Aktionsplan und unterstützen Unternehmen dabei, das Thema Arbeitsglück langfristig auf die interne Agenda zu setzen. Die kontinuierliche Überprüfung der Mitarbeiterstimmung, sowohl der positiven als auch der negativen Emotionen, durch regelmäßige Echtzeitmessungen bietet fortlaufende Einblicke und Feedback, um die Entwicklung von Mitarbeitern und der Organisation im Bereich Glück und Wohlbefinden im Auge zu behalten.

4. **Gibt es spezifische Aspekte, die ihr bei der Entwicklung eines Aktionsplans berücksichtigt?**

Bei der Entwicklung eines Aktionsplans berücksichtigen wir spezifische Aspekte, die auf einem Ansatz basieren, der sich auf die Umsetzung kleiner Schritte und sofort umsetzbarer Maßnahmen mit größtmöglichem Einfluss konzentriert. Unsere Herangehensweise orientiert sich an der Motivator-Hygiene-Theorie (Herzberg): Wir beginnen mit den Hygienefaktoren, die die extrinsischen Bedürfnisse abdecken, wie Gehaltssystem und Arbeitsplatzbedingungen. Diese Faktoren müssen vorhanden sein, um Unzufriedenheit zu verhindern. Anschließend widmen wir uns den Motivationsfaktoren, die die intrinsischen Bedürfnisse wie Anerkennung, persönliche Weiterentwicklung und Work-Life-Balance abdecken. Durch diese differenzierte Herangehensweise stellen wir sicher, dass der Aktionsplan auf effektive Weise auf die individuellen Bedürfnisse der Mitarbeiter eingeht.

5. **Als führende Nation auf dem Gebiet von Happiness at Work: Welche Themen werden derzeit in den Niederlanden diskutiert oder stehen ganz oben auf der Agenda?**

In den Niederlanden stehen derzeit mehrere Themen im Mittelpunkt der Diskussion. Hierzu gehören psychologische Sicherheit, sowie Bemühungen um Inklusivität und Vielfalt. Ein weiterer bedeutender Aspekt ist die momentane Burnout-Welle, aktuell haben etwa 1,3 Millionen Menschen im Land mit Burnout-Problemen zu kämpfen, und jeder siebte Mitarbeiter erlebt Stressprobleme. Zusätzlich steht die »Employee Journey« und Mitarbeiterbindung im Fokus der Diskussion, da es zunehmend schwierig ist, die passenden Talente zu finden und diese langfristig in den Organisationen zu halten.

Mehr Informationen über die 2daysmood Survey findest du auf: www.2daysmood.com (abgerufen am 14.02.2024)

5.2.4 Schweiz: Qualität und Work-Life-Integration

Fünf Fragen an Aurelie Litynski, TEDx Speaker & Positive Work Culture Expert – Happitude at Work GmbH

1. **Gibt es in der Schweiz staatliche Richtlinien oder Arbeitsgesetze, die das Glück am Arbeitsplatz fördern oder regulieren?**

Meines Wissens gibt es in der Schweiz keine spezifischen staatlichen Richtlinien oder Arbeitsgesetze, die explizit darauf abzielen, das Glück am Arbeitsplatz zu fördern. Allerdings wird in der Schweiz ein Job-Stress-Index berechnet, der als Metrik dient, um das Stressniveau der jeweiligen erwerbstätigen Personen zu überwachen. Laut dem neuesten Bericht von Gesundheitsförderung Schweiz betrug im Jahr 2022 der Job-Stress-Index 50,66. Der Index deutet auf ein ausgewogenes Verhältnis von Ressourcen und Belastungen hin.

2. **Die Schweiz zeichnet sich, ähnlich wie Deutschland, durch Leistungsorientierung und Erfolgsstreben aus (Hofstede, 1984, 2001). Welche anderen kulturellen Werte mit Bezug auf Arbeit sind typisch für die Schweiz?**

In der Schweiz ist die Kultur nicht nur von einem weithin bekannten Erfolgsstreben geprägt, auch Werte wie pragmatisches Handeln, Respekt und Kompromissbereitschaft sind tief verwurzelt. Zudem ist die Schweizer Kultur geprägt von einem starken Qualitätsbewusstsein, was sich in Präzision, Zuverlässigkeit und dem Streben nach herausragender Arbeit niederschlägt. Die Betonung der Work-Life-Integration und Lebensqualität ist auch typisch in der Schweiz. Viele Schweizer Unternehmen fördern flexible Arbeitszeiten, bieten großzügige Urlaubsmodelle und Zusatzleistungen an und setzen das Mitarbeiterwohlbefinden als Priorität.

3. **Seit 15 Jahren bist du in der Schweiz tätig. Was tragen, deiner Beobachtung nach, die von dir genannten kulturellen Werte zum Arbeitsglück bei?**

Diese kulturellen Werte formen den Arbeitsalltag in der Schweiz auf unterschiedliche Weise. Die Kombination aus Realismus und Kompromissbereitschaft schafft eine positive Atmosphäre, in der Teamarbeit und gemeinsame Erfolge im Vordergrund stehen. Die gemeinsame Arbeit ermöglicht es den Menschen, realistische Ziele anzustreben und erzeugt ein Gefühl des Glücks am Arbeitsplatz.

Die Mischung aus Leistungsorientierung, Zuverlässigkeit und Qualitätsbewusstsein fördert eine Arbeitskultur, in der Mitarbeiter stolz auf ihre Beiträge sind. Das Liefern von qualitativ hochwertigen Produkten und Dienstleistungen kann zu einem Gefühl von Erfüllung bei Mitarbeitern führen, die stolz auf ihren Beitrag zur Aufrechterhaltung des Rufs der Schweiz für Exzellenz sind.

Der Fokus auf eine gute Work-Life-Integration ermöglicht es den Mitarbeitern, ihre beruflichen und persönlichen Verantwortlichkeiten besser zu managen, was letztendlich das allgemeine Wohlbefinden steigert.

4. **Die Schweiz ist ein mehrsprachiges und multikulturelles Land. Welche Strategien sind im Kontext einer mehrsprachigen und multikulturellen Belegschaft effektiv, um Inklusion und Arbeitsglück zu fördern?**

Neben den vier Amtssprachen (Deutsch, Französisch, Italienisch und Rätoromanisch) spielt Englisch eine bedeutende Rolle, insbesondere in den großen Wirtschaftszentren wie Zürich, Basel und Genf. Diese Städte, geprägt durch eine beträchtliche Anzahl internationaler Mitarbeiter, präsentieren ein reiches Mosaik verschiedener Kulturen. Daher ist es in Unternehmen nicht nur wichtig, sich mit der Organisationskultur zu identifizieren, sondern auch die multikulturellen Hintergründe der Mitarbeiter zu berücksichtigen.

Deshalb ist DEI (Diversity, Equity, and Inclusion) oft ein bedeutender Aspekt der Unternehmenskultur, auch die Diskussion über Arbeitsglück wird in vielen Organisationen immer präsenter. Ich beobachte eine klare Entwicklung seit meinen ersten Unterstützungsaktivitäten für Unternehmen zu diesen Themen im Jahr 2018.

Ich glaube, einer der ersten Schritte, bevor konkrete Strategien im Zusammenhang mit DEI und Arbeitsglück umgesetzt werden, besteht darin, das Bewusstsein für diese wichtigen Themen zu schärfen. Es gibt zahlreiche Missverständnisse und Unklarheiten dazu. Ein Verständnis dafür zu schaffen, warum es entscheidend ist, eine positive Arbeitskultur zu pflegen, in der Mitarbeiter ein Gefühl der Zugehörigkeit und des Wohlbefindens haben, legt den Grundstein für nachhaltige Ergebnisse.

5. **Als Expertin für positive Arbeitskultur, warum sollten Unternehmen anstreben, zukunftsfähig zu sein, indem sie eine positive Kultur fördern?**

Da die Zukunft sich zunehmend auf Künstliche Intelligenz (KI) konzentriert, bin ich der Überzeugung, dass es einen starken Bedarf gibt unsere Emotionale Intelligenz (EQ) zu stärken. Lass uns KI nutzen, um intelligenter zu arbeiten, und EQ einsetzen, um einen bedeutsamen Unterschied am Arbeitsplatz zu machen.

Der Fokus auf persönliches Wohlbefinden und neue Arbeitsweisen hat sich durch die Pandemie beschleunigt. Diese Entwicklung wird auch in Zukunft fortbestehen und für viele Arbeitnehmer, insbesondere für jüngere Generationen, zu einem wichtigen Bedürfnis werden.

Aurelies TEDx für TEDxZürich findest du auf YouTube unter »How to be truly happy at work«.

5.2.5 Tschechische Republik: Happiness Summit und Fertigung

Fünf Fragen an Michal Šrajer, Co-Founder and Chief Happiness Officer bei Happiness@Work

1. **Du hast deine Karriere als Softwareingenieur begonnen und die Rolle des »Chief Happiness Officer« geschaffen, als du 2008 dein erstes Unternehmen mitgegründet hast. Was hat dich dazu motiviert, diese Rolle zu schaffen, und wie haben die Menschen darauf reagiert?**

Als wir das Unternehmen gründeten, wollten wir einen Ort schaffen, an dem wir, meine Kollegen und ich, uns wohlfühlen würden. Es gab definitiv einige Inspirationen von Google und auch immer mehr Artikel/Studien, die zeigten, dass eine großartige Unternehmenskultur sowohl für die Mitarbeiter als auch für das Geschäftsergebnis vorteilhaft ist. Kurz nach Gründung des Unternehmens habe ich Alex Kjerulf getroffen, der mich mit seiner Rolle und seinem ersten Buch inspiriert hat.

2. **In deiner Rolle hast du mehrere radikale Experimente vorangetrieben, darunter die vollständige Transparenz bei Gehältern und die Möglichkeit für Teams, ihre Gehälter selbst festzulegen. Basierend auf diesem Experiment und deiner Erfahrung der letzten Jahre, welchen Rat würdest du Organisationen geben, die ein transparenteres Gesamtleistungssystem in Betracht ziehen?**

Der zentrale Rat lautet: »Gehaltstransparenz« führt nicht automatisch zu einer besseren Unternehmenskultur. Uns war es immer sehr wichtig, unsere Verbesserungsvorschläge als Experimente zu bezeichnen und diesen Ansatz auch klar so zu kommunizieren. Experimente können scheitern, und sie sind von Anfang an zeitlich begrenzt. Bei Erfolg kann der Ansatz fortgesetzt werden und im Fall des Scheiterns hat man wertvolle Erkenntnisse gewonnen. Ein weiteres zentrales Anliegen für uns war die »Demokratie am Arbeitsplatz« – wir suchten nach Möglichkeiten, um alle am Entscheidungsprozess zu beteiligen. Dies führte zur notwendigen Transparenz. Wenn wir Mitarbeiter darum bitten, Entscheidungen zu treffen, benötigten sie den entsprechenden Kontext. Transparenz allein genügt dann nicht. Das Diskutieren und Erläutern von relevanten Informationen ist mindestens genauso wichtig, um Demokratie am Arbeitsplatz zu schaffen.

3. **Du bist Initiator des größten Happiness-at-Work-Summits in Europa, der jedes Jahr in Prag stattfindet. Im nächsten Jahr wirst du den zehnten Summit veranstalten. Welche Beobachtungen hast du in diesen Jahren zur Entwicklung des Glücks am Arbeitsplatz gemacht? Und welche Erwartungen hast du für die Zukunft?**

Als wir vor zehn Jahren begannen, war es hauptsächlich eine Konferenz für unsere Freunde – hauptsächlich aus Unternehmen mit Bürotätigkeiten. Alle waren in Prag ansässig. In den ersten Jahren hörten wir oft, dass dies ein Thema nur für »reiche Unternehmen in der Hauptstadt« sei. Glücklicherweise entdeckten wir nach einigen Jahren Fertigungsunternehmen aus allen Regionen der Tschechischen Republik, die sich auf dieselben Prinzipien stützten. Sie brauchten ihren Ansatz oft nicht mit der Formel »Glück am Arbeitsplatz« bezeichnen. Oft ging es hauptsächlich um einen menschenzentrierten Ansatz der Gründer. Eine weitere Veränderung, die wir feststellten, betraf unser Publikum. Zu Beginn wurde unsere Veranstaltung als »HR-Konferenz« wahrgenommen. Aber in den letzten Jahren hat sie sich eindeutig zu einer Führungskräfteveranstaltung entwickelt. Die Unternehmenskultur ist nicht mehr nur ein HR-Thema – immer mehr Führungskräfte sehen eine großartige Unternehmenskultur als ihren strategischen Vorteil. Und es ist ein Thema, das in Vorstandszimmern eher als in HR-Büros diskutiert wird.

4. **Wenn du die verschiedenen kulturellen Werte und Einflussfaktoren innerhalb Europas vergleichst, zeichnet sich die Tschechische Republik durch eine hohe Unsicherheitsvermeidung und Individualismus aus (Hofstede, 1984, 2001). Wie ist deine Wahrnehmung? Und wie könnte sich das potenziell auf Strategien auswirken, die eine positive Arbeitsplatzkultur fördern?**

Das klingt (leider) zutreffend. Trotz der geringen Arbeitslosigkeit in der Tschechischen Republik ziehen es viele Menschen vor, bei einem Arbeitgeber zu bleiben, selbst wenn sie dort unglücklich sind, anstatt sich für Veränderung zu entscheiden. Das Etablieren von Teamgedanken, bereichsübergreifender Zusammenarbeit, Überwinden von Abteilungsdenken in Unternehmen sowie die kontinuierliche Suche nach Wegen zur Schaffung psychologischer Sicherheit sind anhaltende Themen.

5. **Die Tschechische Republik verfügt über eine umfangreiche Fertigungsindustrie. Welche Unternehmen in diesem Bereich kennst du, die besonders darauf bedacht sind, das Wohlbefinden ihrer Mitarbeiter zu fördern?**

Die ersten beiden Beispiele, die mir einfallen, haben einige Gemeinsamkeiten – vor allem die Art und Weise, wie ihr CEO auf die Menschen zugeht:

Solea ist ein Hersteller von Autoteilen in der vergleichsweise kleinen Stadt Česká Třebová. Leoš, der CEO, entschied sich dafür, einen Ort zu schaffen, der die Menschen wieder ins Leben zurückbringt. Er schaffte es, eine Organisation aufzubauen, die nicht nur in ihrem Segment wettbewerbsfähig ist, sondern auch für Menschen mit verschiedenen Arten von Behinderungen offensteht. Er ist bereit, jeden Mitarbeiter als individuellen Menschen mit seinen eigenen Bedürfnissen zu sehen. Und sie haben in den letzten Jahren großartige Ergebnisse erzielt.

Sonnentor ist ein österreichisches Unternehmen mit Niederlassungen unter anderem in Tschechien. Sie sind bekannt für ihre hochwertigen Bioprodukte wie biologisch angebaute Tees und Gewürze, ebenso wie für den Aufbau einer beeindruckenden Unternehmenskultur. Immer wenn ich Gelegenheit hatte, mit Josef, dem CEO, durch die Produktionshallen zu gehen, war ich erstaunt darüber, wie sehr er sich um die Menschen kümmert. Für ihn sind sie definitiv nicht nur Zahlen auf einem Blatt. Er kennt nicht nur ihre Namen, sondern auch ihre Lebensgeschichten, Familien oder die schweren und glücklichen Momente, die sie durchmachen.

Mehr Informationen über die jährliche Happiness at Work Summit in Prag findest du auf www.happinessatwork.live (abgerufen am 14.02.2024)

Zwei validierte Instrumente zum Vergleich kultureller Dimensionen zwischen Ländern sind:

- Kulturdimensionen (Gerard Hofstede): https://www.hofstede-insights.com/country-comparison-tool (zuletzt abgerufen am 12.02.2024)
- Country Mapping Tool (Erin Meyer): https://erinmeyer.com/tools/culture-map-premium/ (zuletzt abgerufen am 12.02.2024)

Teil 3: Das positive und glückliche Unternehmen

In den vorherigen Kapiteln haben wir besprochen, welche positiven Einflüsse glückliche Mitarbeiter auf den Unternehmenserfolg haben und wie die gegenwärtigen Herausforderungen in der Arbeitswelt und die Generationenwechsel den Bedarf hinsichtlich des Wohlbefindens der Mitarbeiter prägen. Spätestens nach den Einblicken in die europäischen Länder wird klar: »Happiness at Work« sollte in jedem deutschen Unternehmen ein fester Bestandteil der Unternehmenskultur sein.

Nachdem wir in den vorherigen Kapiteln besprochen haben, *warum* jedes Unternehmen sich mit dem Arbeitsglück seiner Mitarbeiter auseinandersetzen sollte, fokussieren wir uns im weiteren Verlauf des Buches auf die folgenden beiden Fragen:

Wie kann das Arbeitsglück in Unternehmen gesteigert werden? Die Grundlage zur Beantwortung dieser Frage bilden die fünf Faktoren für Happiness at Work – Sicherheit, Sinnempfinden, Soziale Verbundenheit, Selbstverwirklichung und Persönliche Balance (vgl. Abbildung »Was macht bei der Arbeit glücklich? 5-Faktoren-Modell« in Kapitel 2.3), sowie die vier Einflussbereiche: Mindset, Leadership, People und Culture (vgl. Abbildung »FLORITIVE4-Modell« in Kapitel 6.2).

Was sind bewährte Praktiken und Methoden? Wir besprechen Strategien aus der Glücksforschung, wie beispielsweise Dankbarkeit und positives Denken, Investitionen in soziale Verbindungen, das Erlernen der Bewältigung von Stress, das Leben im Hier und Jetzt, die Stärkung persönlicher Stärken, das Setzen und Verfolgen von Zielen sowie die Sorge für Körper und Seele (Lyubormirsky, 2008). Diese Ansätze werden im Kontext der fünf Faktoren für Happiness at Work (Sicherheit, Sinnempfinden, Soziale Verbundenheit, Selbstverwirklichung und Persönliche Balance) sowie vier Einflussbereiche im Unternehmen (Mindset, Leadership, People und Culture) erläutert und durch konkrete Beispiele, Business Cases, Interviews und Tipps ergänzt.

6 Happiness at Work als Teil der Unternehmensstrategie

Glück ist eine Sprache, und Glück bei der Arbeit ist etwas, das du tust. Warte nicht darauf, dass andere den Anfang machen: Wenn du großartige Kollegen haben möchtest, musst du selbst ein großartiger Kollege sein. Das ist der wichtigste Ausgangspunkt.
Griet Deca, Chief Happiness Officer – Tryangle Happiness and Well-Being at Work

6.1 Rollen und Verantwortung

Die zentrale Frage dieses Abschnitts lautet: Wer trägt die Verantwortung für das Arbeitsglück in einem Unternehmen? Es wäre naheliegend anzunehmen, dass die Personalabteilung für das Wohlbefinden der Mitarbeiter zuständig ist, wie es die jüngsten Trendberufe im Personalbereich suggerieren: Chief Happiness Officer, Feelgood Manager, Mental Health Coach, Wellness Coach und Happier Coach. Jedoch wäre es zu einfach und nicht zielführend, die gesamte Verantwortung allein auf die Personalabteilung zu übertragen, denn Glück ist ein Gefühl, eine Denkweise und ein Verhalten, für das jeder in einer Organisation Verantwortung trägt. Wer also ist dieses »jeder«?

Vorstand und Geschäftsleitung: Die Rolle des Vorstands und der Geschäftsleitung ist von entscheidender Bedeutung. Als Sponsoren des Glücks am Arbeitsplatz müssen sie nicht nur den Zweck definieren, sondern auch sicherstellen, dass das Wohlbefinden der Mitarbeiter im Mittelpunkt aller strategischen Überlegungen steht. Ihre täglichen Handlungen sind ein Spiegelbild dieser Priorität, um eine authentische und glaubwürdige Kultur des Glücks zu schaffen.

Führungskräfte und Manager: Führungskräfte und Manager spielen eine Schlüsselrolle bei der Umsetzung der Vision des Vorstands. Sie müssen nicht nur als Vorbilder agieren, sondern auch gezielt Werkzeuge und Ressourcen bereitstellen, um ein positives Arbeitsumfeld zu schaffen. Die Förderung von Kommunikation, Anerkennung und persönlichem Wachstum sind hierbei entscheidende Elemente.

Spezialistenteams: Teams wie HR, Kommunikation, Change Management, Brand Management, Marketing, IT, Facility Management und Office Management spielen eine koordinierende Rolle. Sie sind die Architekten der positiven Kulturveränderung und müssen Instrumente bereitstellen, die die Umsetzung erleichtern.

Kulturbotschafter: Die positive Kultur wird durch verschiedene Botschafter aus allen Bereichen des Unternehmens verkörpert. Diese inspirierten Persönlichkeiten fungieren als Multiplikatoren, die die Botschaft des Glücks am Arbeitsplatz in ihren Teams und Abteilungen verbreiten. Sie nehmen eine Schlüsselposition ein, wenn es darum geht, Unterstützung für Veränderungen und neue Initiativen zu schaffen. Ihre Leidenschaft und Überzeugung sind ansteckend und tragen maßgeblich zur Verbreitung eines positiven Mindsets bei.

Alle Mitarbeiter: Letztendlich liegt die Verantwortung für das Glück am Arbeitsplatz bei jedem einzelnen Mitarbeiter. Jeder trägt dazu bei, indem er reflektiert ist, mit gutem Beispiel vorangeht und aktiv sein eigenes Verhalten steuert. Glück ist zu 40 Prozent durch bewusstes Handeln beeinflussbar, deswegen ist jeder aufgefordert, einen Beitrag zu einer positiven Arbeitsumgebung zu leisten.

Jeder ist gefragt! Denn Happiness at Work ist die kollektive Anstrengung, die zu einer nachhaltigen positiven Veränderung in Unternehmen führt. In diesem gemeinsamen Streben nach Glück am Arbeitsplatz liegt die Kraft, die nicht nur die Mitarbeiter erfüllt, sondern auch den Erfolg des Unternehmens nachhaltig beeinflusst.

6.2 Vier Bausteine für positive Unternehmen

Das FLORITIVE4-Modell

In jedem Unternehmen gibt es intern vier Einflussbereiche, in denen jeder Einzelne durch bewusstes Verhalten dazu beitragen kann, eine *positive* Arbeitsumgebung zu schaffen, in der alle *florieren* und das Arbeitsglück von allen gestärkt wird (vgl. Pal, 2019; Omar, 2019). Diese vier Bereiche sind eng miteinander verknüpft und bilden gemeinsam das Gefüge der Unternehmenskultur. Der Name des Modells nimmt jeweils einen Teil aus den Worten *flor*ieren und pos*itive* und zusammen ergeben sie: FLORITIVE4. Hinzu kommt noch die Zahl der vier Einflussbereiche, die das Modell zusammenfasst.

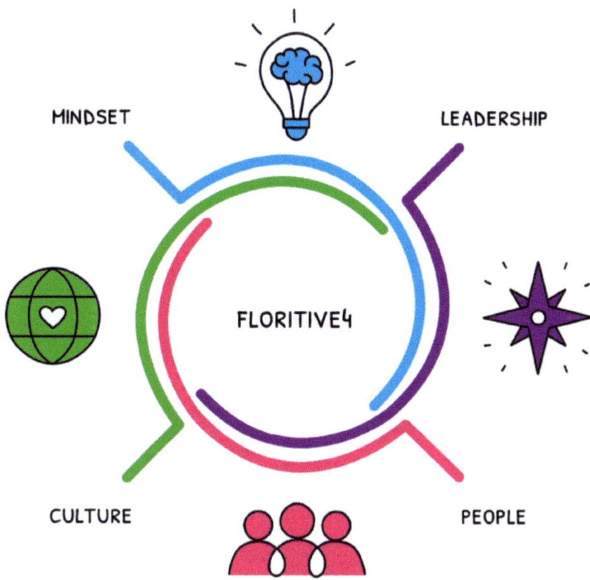

FLORITIVE4-Modell – Die vier Einflussbereiche für Arbeitsglück in Unternehmen

Einflussbereich 1: Mindset – persönlicher Kontext: Der persönliche Kontext bezieht sich auf die individuelle Denkweise, Werte und Einstellungen jedes Mitarbeiters. Ein positives Mindset, das Offenheit, Resilienz, Lernbereitschaft und Anpassungsfähigkeit einschließt, kann die Unternehmenskultur positiv beeinflussen. Mitarbeiter, die ein positives Mindset pflegen, tragen dazu bei, ein inspirierendes Arbeitsumfeld zu schaffen.

Einflussbereich 2: Leadership – Führungskontext: Der Führungskontext bezieht sich auf die Führungsebene eines Unternehmens. Führungskräfte spielen eine entscheidende Rolle bei der Gestaltung der Unternehmenskultur. Ein authentisches, motivierendes und stärkenorientiertes Führungsverhalten fördert eine positive Arbeitsumgebung. Führungskräfte können durch positive Kommunikation, Vorbildfunktion und die Förderung von Teamarbeit die Kultur im Unternehmen stärken.

Einflussbereich 3: People – sozialer Kontext: Der soziale Kontext bezieht sich auf die zwischenmenschlichen Beziehungen und Interaktionen innerhalb des Unternehmens. Ein unterstützendes, integratives und kooperatives Miteinander fördert ein positives soziales Umfeld. Mitarbeiter, die aktiv zur Teamarbeit beitragen, Kollegen unterstützen und eine positive Kommunikation pflegen, tragen dazu bei, eine gesunde soziale Dynamik und Gemeinschaft zu etablieren.

Einflussbereich 4: Culture – Organisationskontext: Der Organisationskontext bezieht sich auf die grundlegenden Werte, Normen und Praktiken, die in der gesamten Organisation verankert sind. Hierzu gehören die Unternehmensmission, die Strategie und die gemeinsamen Ziele, aber auch die Strukturen und Arbeitsplatzbedingungen. Mitarbeiter können die Unternehmenskultur beeinflussen, indem sie sich aktiv an der Umsetzung dieser Werte beteiligen, Ideen einbringen und sich mit der Gesamtvision identifizieren.

In den folgenden vier Kapiteln werden wir die vier Einflussbereiche jeweils im Detail besprechen.

7 Einflussbereich 1: MINDSET – Selbstführung als Glücksgrundlage

Erkenne, dass Glück bei der Arbeit möglich ist, und setze dann alles daran, dass du selbst bei der Arbeit glücklich bist. Das ist wirklich das Wichtigste. Die Priorisierung deines Glücks bei der Arbeit ist entscheidend, und du verdienst einen guten Job. Einen Job, den du tatsächlich gerne machst.
Alexander Kjerulf, Chief Happiness Officer bei Woohoo Inc.

Jeder ist seines eigenen Glückes Schmied, zumindest zu 40 Prozent, wie wir in Kapitel 1 erfahren haben. Jedes Unternehmen, das das Wohlbefinden seiner Mitarbeiter positiv beeinflussen möchte, sollte das berücksichtigen. Die Einstellung lautet: Jede einzelne Person ist ein entscheidender Faktor bei der Verbesserung des Arbeitsglücks im Unternehmen. Eine unglückliche Führungskraft kann keine positive Arbeitskultur schaffen, und ein unglücklicher Mitarbeiter wird auch in einer positiven Unternehmenskultur kaum glücklicher.

Daher ist Einflussfaktor 1 für mehr Glück bei der Arbeit das individuelle Mindset.

Wir beginnen dieses Kapitel mit dem Thema Selbstführung und beleuchten danach die wichtigsten Elemente des Glücksempfindens, die durch eigenes bewusstes Handeln beeinflusst werden können: Emotionen, Gedanken und Verhalten. Fang bei dir selbst an!

7.1 Selbstführung

Selbstführung ist die Fähigkeit, die Kontrolle über das eigene Fühlen, Denken und Handeln zu übernehmen und zu managen. Sie ermöglicht die aktive Gestaltung der beruflichen und persönlichen Entwicklung, die Steigerung der eigenen Motivation, die Klärung persönlicher Ziele und ihre effektive Umsetzung. Diese erlernbare Fähigkeit beinhaltet Selbstdisziplin, Eigenmotivation und Selbstkontrolle. Selbstführung zeigt einen nachweislich positiven Einfluss auf persönliches Wachstum, Wohlbefinden und Erfolg in organisatorischen Kontexten (Rosenberg, 2010; Dolbier et al., 2001).

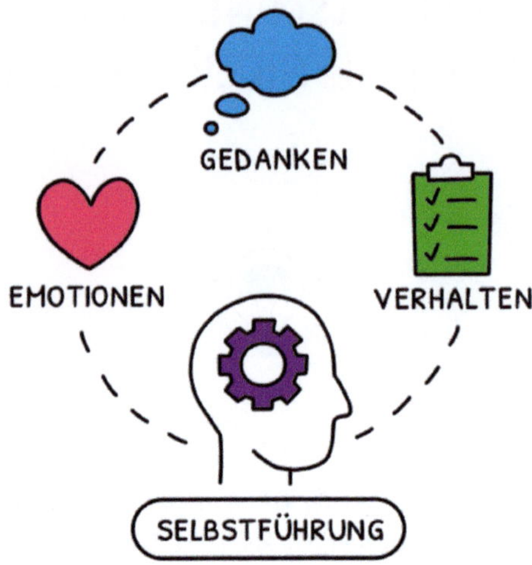

Selbstführung

Beispiele für Selbstführung sind:

- Erkennen und regulieren negativer Emotionen
- Reflexion über Erfolge und Misserfolge
- Negative Denkmuster identifizieren und in positive und konstruktive Ansätze transformieren
- Gezielte Lenkung eigener Gedanken
- Verstehen der eigenen Werte, Treiber und Stärken
- Energiequellen und -fallen erkennen sowie die eigene Motivation steigern
- Eigene Ziele klären und effektivere Wege zu ihrer Erreichung entwickeln
- Die eigene Zeit managen
- Selbstdisziplin aufbringen zur Umsetzung von Zielen oder Tätigkeiten
- Positive Sprache verwenden

7.1.1 Selbstreflexion

Selbstführung setzt die Fähigkeit zur Selbstreflexion voraus und damit einen Prozess, in dem eigene Emotionen, Denkstrukturen und Verhalten beobachtet, analysiert und erforscht werden. Selbstreflexion ist eine erlernbare Fähigkeit und ein kontinuierlicher Prozess, der Zeit und Engagement erfordert. Sie ist jedoch von großem Wert, um bewusstere Entscheidungen zu treffen, die eigenen Ziele zu klären und ein tieferes Verständnis für sich selbst und andere zu entwickeln.

Selbstreflexion erlernen und entwickeln

Es gibt verschiedene Ansätze, um Selbstreflexion zu erlernen und zu entwickeln:

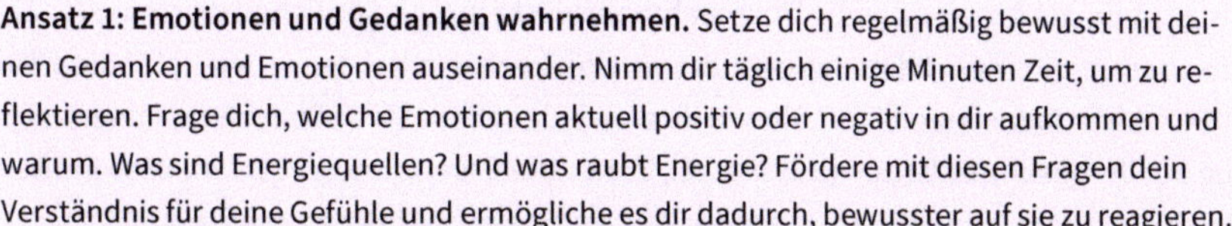

Ansatz 1: Emotionen und Gedanken wahrnehmen. Setze dich regelmäßig bewusst mit deinen Gedanken und Emotionen auseinander. Nimm dir täglich einige Minuten Zeit, um zu reflektieren. Frage dich, welche Emotionen aktuell positiv oder negativ in dir aufkommen und warum. Was sind Energiequellen? Und was raubt Energie? Fördere mit diesen Fragen dein Verständnis für deine Gefühle und ermögliche es dir dadurch, bewusster auf sie zu reagieren.

Ansatz 2: Reaktionen beobachten und hinterfragen. Sei aufmerksam in Bezug auf deine eigenen Reaktionen in verschiedenen Situationen. Stelle dir selbst Fragen, um deine Motivationen, Werte und Ziele zu klären. Warum triffst du bestimmte Entscheidungen? Welche Ziele verfolgst du und warum? Durch dieses bewusste Hinterfragen gewinnst du Klarheit über deine Handlungen und kannst gegebenenfalls Anpassungen vornehmen.

Ansatz 3: Gedanken freien Lauf lassen. Nutze Momente wie Meditation oder Spaziergänge, um deine Gedanken ohne Bewertung fließen zu lassen. Mache anschließend Notizen zu deinen Gedankenströmen. Dieser Prozess kann zu neuen Erkenntnissen über deine aktuellen Gedanken und Sorgen führen, die du weiter erkunden kannst.

Ansatz 4: Gedanken und Gefühle aufschreiben. Führe regelmäßig ein Tagebuch, um Gedanken und Gefühle festzuhalten. Das ermöglicht dir, Muster und Trends in deinem Denken und Verhalten zu erkennen. Morgen- und Abendnotizen helfen, den Tag zu strukturieren und bewusst zu reflektieren. Was hat dich inspiriert? Wo siehst du Verbesserungsmöglichkeiten?

Ansatz 5: Feedback annehmen. Öffne dich für konstruktives Feedback von anderen. Die Perspektiven anderer können dir helfen, deine Stärken und Schwächen besser zu verstehen. Sei bereit, Kritik anzunehmen und daraus für deine persönliche Weiterentwicklung zu lernen.

Ansatz 6: Lernbereitschaft fördern. Sei bereit, aus Erfahrungen, einschließlich Fehlern, zu lernen. Reflektiere, was gut gelaufen ist, und identifiziere Bereiche, die verbessert werden können. Deine Lernbereitschaft fördert kontinuierlich deine persönliche Entwicklung und ermöglicht es dir, bewusst positive Veränderungen in dein Leben zu integrieren.

7.1.2 Mit dem IKIGAI-Konzept das Sinnempfinden verstehen

Weißt du, wofür du morgens aus dem Bett aufstehst – oder nicht? Falls du das nicht weißt, spürst du vielleicht, wie viel Energie es braucht, um in den Tag zu starten. Das liegt auch daran, dass es ohne dieses Wissen schwieriger ist, Befriedigung aus einem Tag zu ziehen. Wenn du das Gefühl hast, dass du zu etwas Größerem beiträgst, das dir wichtig ist, wirst du glücklicher sein. Je deutlicher du auf die Frage, warum du etwas tust, positiv antworten kannst und damit Berufung in deinem Leben erfährst, umso positiver wirst du auch über dich selbst denken (Torrey & Duffy, 2012). Das führt wiederum dazu, dass du glücklicher bist. Und nicht nur das: Menschen, die Sinn empfinden, sind gesünder und leben länger (Knight et al., 2009).

Sinnempfinden ist individuell. Die Gründe, warum Menschen bei der Arbeit Sinn finden, sind sehr unterschiedlich. Manche Menschen motiviert der Einfluss auf andere

Menschen oder die Gesellschaft. Andere finden Sinn in den persönlichen Bindungen zu Kollegen, Gestaltungsmöglichkeiten, Freiräumen oder der persönlichen Entwicklung. Wenn die Arbeit oder die Unternehmenswerte mit persönlichen Werten oder Zielen übereinstimmen, trägt das positiv zum Glücklichsein bei der Arbeit bei (Golparvar, 2014). Wenn Menschen einen Sinn in ihrer Arbeit sehen, sind sie auch positiver in Bezug auf ihr gesamtes Leben (Bassi et al., 2013). Die Essenz besteht darin, das »größere Ganze« zu identifizieren und zu entdecken, was dein Beitrag dazu sein kann.

Eine Methode, um das herauszufinden, ist, dein IKIGAI zu erkunden.

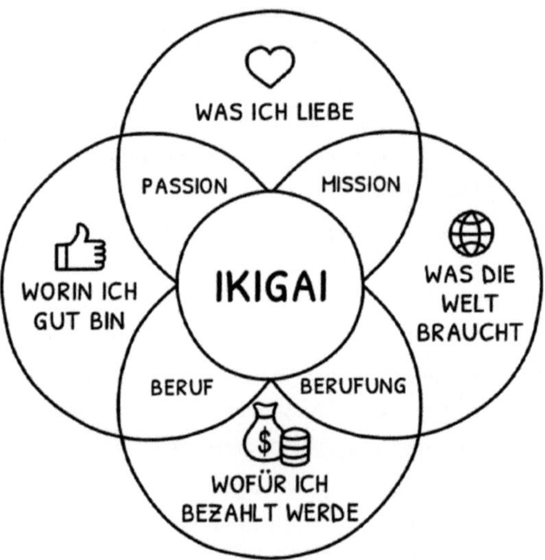

IKIGAI – Die Kombination von Aspekten, die uns im Leben erfüllen.

»IKIGAI« ist eine japanische Methode, die die Suche nach Sinn und Lebensfreude unterstützt. IKIGAI bedeutet so viel wie »der Grund, warum du morgens aufstehst« und stellt eine Verbindung zwischen den Aspekten her, die uns im Leben erfüllen: Was du liebst, was die Welt braucht, wofür du bezahlt wirst und worin du gut bist. Das Zusammentreffen dieser vier Elemente bildet das »IKIGAI« und symbolisiert einen Zustand, in dem wir Glück und Sinnhaftigkeit erleben.

In einer Studie, in der Menschen mit und ohne IKIGAI verglichen wurden, wurde festgestellt, dass Menschen mit IKIGAI besser mit Stress umgehen und glücklicher sind (Ishida, 2012). Diese Erkenntnisse galten unabhängig von Alter, Geschlecht, Beruf oder Umgebung. Menschen ohne IKIGAI empfanden häufiger Leere und Angst, während Menschen mit IKIGAI Zufriedenheit, Freude und Ambitionen auch bei schwierigen Umständen bewahrten.

Selbstreflexion: Erkunde dein IKIGAI

Schreibe deine Antworten neben die entsprechenden Kreise im IKIGAI-Modell (siehe QR-Code):

Frage 1: Was mache ich am liebsten?
Was ich liebe – erstelle eine Liste mit Aktivitäten, die dir besonders am Herzen liegen. Denke an Momente, in denen du glücklich warst mit dem, was du getan hast. Das können auch Momente außerhalb der Arbeit sein. Schreibe so viel wie möglich auf. Es muss nicht gesellschaftlich relevant oder in den Augen anderer großartig sein. Was würdest du am liebsten den ganzen Tag tun, wenn niemand ein Urteil darüber fällen würde?

Frage 2: Was braucht die Welt meiner Meinung nach?
Was die Welt braucht – schreibe alles auf, was dir einfällt. Wenn es schwerfällt, diese Frage zu beantworten, denke an Menschen, die dir wichtig sind (zum Beispiel dein Partner, deine Freunde, deine Kollegen, Flüchtlinge, Pflegekräfte usw.) – Was brauchen sie? Oder überlege, was dich wütend machen kann. Was ist dir so wichtig, dass es dich verärgert?

Frage 3: Wofür kann ich bezahlte Arbeit finden oder kreieren?
Wofür ich bezahlt werde – notiere verschiedene Optionen. Versuche, in alle möglichen Richtungen zu denken: Schreibe auf, womit du derzeit dein Geld verdienst und womit du in Zukunft Geld verdienen könntest.

Frage 4: Was sind meine Stärken?
Worin ich gut bin – schreibe auf, was dir leichtfällt und worin du gut bist. Findest du das schwierig? Frage dann zwei Menschen, die dich gut kennen. Oder erinnere dich an Momente, in denen du positive Rückmeldungen erhalten hast: Worum ging es dabei?

Kombinationen finden – was ist dein IKIGAI?
Schau jetzt, ob es Kombinationen gibt, indem du immer wieder Wörter aus zwei Kategorien kombinierst. Gibt es zum Beispiel etwas, das du gerne tust und worin du auch gut bist? Notiere das dort, wo sich die beiden Kreise überschneiden. Auf diese Weise entdeckst du deine Passion, Mission, Berufung und Beruf. Nimm dir Zeit, die Kreise auf dich wirken zu lassen. Du kannst dein IKIGAI entdecken, indem du eine Kombination zwischen dem suchst, was du am liebsten tust, was die Welt braucht, wofür du bezahlt werden kannst und worin du gut bist. Untersuche, wo du Gemeinsamkeiten finden kannst. Diese Antwort ist dein IKIGAI.

Ideen sammeln: mehr nach deinem IKIGAI zu leben
Was kannst und wirst du tun, um mehr nach deinem IKIGAI zu leben? Schreibe Ideen auf. Womit wirst du heute beginnen? Wie wirst du dies auf der Arbeit angehen?

7.2 Emotionale Intelligenz

Emotionen spielen eine zentrale Rolle im menschlichen Leben. Das Wort stammt von dem lateinischen emovere (dt. herausbewegen, emporwühlen) und verdeutlicht, dass Emotionen eine »Bewegung« auslösen und uns in eine bestimmte Richtung lenken. Sie »motivieren« uns, uns aktiv mit bestimmten Ereignissen auseinanderzusetzen und Entscheidungen zu treffen. Emotionen haben einen Sinn in unserer Psyche, auch negative.

7.2.1 Emotionen im Arbeitskontext

Unangenehme Emotionen bei der Arbeit wie beispielsweise Angespanntheit, Ärger, Reiz, Frustration, Wut, Angst, Verzweiflung, Langeweile, Niedergeschlagenheit oder Trauer bringen uns wertvolle Botschaften, wie zum Beispiel:

- Ich muss mein Ziel anpassen
- Ich muss etwas ändern
- Die Sache ist mir besonders wichtig
- Meine Bedürfnisse werden im Moment nicht erfüllt
- Meine Grenzen werden verletzt
- Ich werde nicht genug gefördert
- Ich muss etwas loslassen

Die Vorstellung, dass Glück, Zufriedenheit, Fröhlichkeit und andere positiv behaftete Emotionen die einzigen, erstrebenswerten Gefühle am Arbeitsplatz sind, ist ein einseitiges Verständnis. Eine reale und facettenreiche Arbeitswelt beinhaltet eine Bandbreite von Emotionen, darunter auch solche, die gemeinhin negativ verstanden werden. Dazu zwei Beispiele:

- Stress wird oft nur negativ aufgefasst. Wenn ich aber kurz vor einer Deadline Stress habe, kann das dazu führen, dass ich noch einmal alles gebe. Das wäre zumindest eine positive Wirkung des Stresses.
- Wenn ich merke, dass ich immer häufiger gelangweilt bei der Arbeit bin, wird es vielleicht Zeit für eine neue Aufgabe.

Es geht also nicht darum, negative Gefühle zu meiden, sondern darum, alle Emotionen zu akzeptieren und für sich zu verstehen, was dahintersteckt. Glücklichsein im Job bedeutet eine offene und positive Haltung gegenüber allen Emotionen im Arbeitskontext einzunehmen – die Emotionen zuzulassen, zu verstehen und konstruktiv damit umzugehen (Schutte, 2014; Lopes, 2006). Dies fällt unter den Begriff der Emotionalen Intelligenz (EI).

Tipp: Emotionen akzeptieren und offenen Umgang mit Gefühlen fördern

Jeder kann einen Beitrag zu einem Arbeitsklima leisten, in dem unterschiedliche Emotionen akzeptiert werden und ein offener Umgang mit Gefühlen gefördert wird:

Tipp 1: Empathie zeigen. Zeige echtes Interesse an den Gefühlen deiner Kollegen. Statt Mitleid ist Mitfühlen gefragt, indem du aktiv zuhörst und versuchst, die Emotionen des anderen zu verstehen. Frage regelmäßig, wie es deinen Teammitgliedern geht und höre zu.

Tipp 2: Unterstützung anbieten. Stelle regelmäßig proaktiv die Frage, wie du deine Kollegen in ihrer Arbeit unterstützen kannst. Dies zeigt nicht nur deine Bereitschaft zur Zusammenarbeit, sondern signalisiert auch, dass du dich für ihr Wohlbefinden interessierst.

Tipp 3: Verletzlichkeit zeigen. Trage dazu bei, ein Umfeld der Offenheit zu schaffen, indem du selbst über deine Gefühle, Schwächen und Fehler sprichst. Fördere regelmäßige Retrospektiven, um gemeinsam aus Erfahrungen zu lernen und die Teamdynamik kontinuierlich zu verbessern. Nutze Tools wie Team-Steckbriefe, in denen Stärken und Schwächen jedes Teammitglieds transparent werden.

Tipp 4: Rücksicht auf private Lebensumstände nehmen. Berücksichtige die persönlichen Umstände deiner Teammitglieder. Sensibilität und Verständnis für private Lebensumstände können das Teamgefühl stärken und die emotionale Bindung fördern. Ein Unternehmen kann eine »Grief Policy« (Unternehmensrichtlinien zum Umgang mit Trauer und Trauernden) implementieren, die den Mitarbeitern Raum und Unterstützung bietet, wenn sie mit persönlichen Herausforderungen konfrontiert sind.

7.2.2 Die eigenen Emotionen verstehen und steuern

»Emotionale Intelligenz« (EI) bedeutet, die eigenen Emotionen zu verstehen und zu steuern. Die Emotionale Intelligenz gilt es, zu entwickeln, auch um zu verhindern, dass Gefühle zu lange unreflektiert anhalten und dauerhaft die Handlungen steuern. Alle Emotionen – egal ob positiv oder negativ – können, wenn sie über einen längeren Zeitraum unreflektiert erlebt werden, die emotionale Gesundheit oder Zufriedenheit beeinflussen.

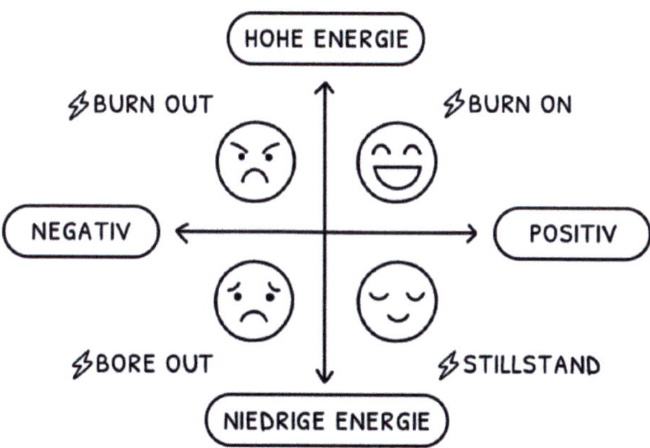

Verschiedene Emotionen mit Risiken im beruflichen Kontext.

Burnout, Burn on, Stillstand und Bore out

Anhaltend negative Gefühle wie beispielsweise Stress, Frustration, Angespanntheit und Ärger können über einen längeren Zeitraum hinweg zu akuter Erschöpfung und Burnout führen. Auch lang anhaltende, hoch energetische und eher positiv behaftete Gefühle wie Begeisterung, Tatendrang und Motivation können zur Erschöpfung, oder zu einem sogenannten »Burn on« führen – das immer weiter machen zu wollen, obwohl es eigentlich nicht mehr geht. Auch ein »Bore out« (Langeweile, Niedergeschlagenheit oder Müdigkeit), und »Stillstand« (wenig Herausforderung, Entspanntheit, und Gelassenheit) sind mögliche Folgen von zu lange anhaltenden Emotionen.

Daher ist es wichtig, alle Emotionen nicht nur frühzeitig zu erkennen und zu reflektieren, sondern auch angemessen mit ihnen umzugehen, um eine gesunde mentale Balance zu wahren.

Selbstreflexion: Emotionale Intelligenz entwickeln und emotionale Balance fördern

Hier findest du Fragen und Ideen, wie du deine emotionale Kompetenz entwickeln und deine emotionale Balance fördern kannst:

Emotionen zulassen – Stelle dir regelmäßig folgende Fragen

1. Wie fühle ich mich?
2. Was läuft gerade nicht gut?
3. Was läuft gerade gut?
4. Was brauche ich?
5. Worauf bin ich stolz?
6. Was kann ich loslassen?

Emotionen verstehen – Reflektiere die Bedeutung verschiedener Emotionen:

- Emotions-Checkliste: Achte bewusst auf deine Emotionen. Führe eine digitale oder handschriftliche Liste deiner Emotionen, Auslöser und Reaktionen. Setze dir zum Beispiel wöchentliche Erinnerungen, um diese Liste zu überprüfen.
- Top-3-Stressoren: Mache eine Liste deiner drei größten Stressfaktoren. Notiere für jeden Stressor konkrete Bewältigungsstrategien. Probiere verschiedene Ansätze aus und finde heraus, was am besten für dich funktioniert.

Emotionen regulieren und steuern – fünf Bewältigungsstrategien

Im Folgenden findest du fünf Bewältigungsstrategien, um besser auf emotionale Herausforderungen zu reagieren:

- Achtsamkeitsminute am Morgen: Starte jeden Morgen mit einer Atemübung oder einer kurzen Meditation für eine Minute. Verwende dafür eine App, die dich in dieser Achtsamkeitsminute begleitet (zum Beispiel »Headspace«).
- 10-Sekunden-Pause vor Reaktionen: Trainiere dich selbst, vor stressigen Reaktionen zehn Sekunden innezuhalten. Stelle eventuell einen visuellen Reminder auf deinen Schreibtisch, um dich an diese Pause zu erinnern.
- Perspektivenwechsel: Frage dich, ob es alternative Sichtweisen gibt. Überlege, wie du die Situation positiv beeinflussen kannst. Es kann auch hilfreich sein, die Situation in einen zeitlichen Rahmen zu setzen und dir die Frage zu stellen: Wie sehr wird mich diese Situation morgen, in einem Monat oder in einem Jahr betreffen?
- Fokussierung auf Handlung: Identifiziere konkrete Schritte, die du unternehmen kannst, um die Situation zu verbessern oder zu verändern, anstatt dich auf das Negative zu konzentrieren.

- Gesunde Bewältigung: Setze gezielt auf gesunde Bewältigungsmechanismen wie Spaziergänge, kreativen Ausdruck, Sport, progressive Muskelentspannung (zum Beispiel mit der App 7 Mind) oder Meditation, um Emotionen zu verarbeiten und Stress abzubauen.
- Externe Unterstützung: Für Unternehmen gibt es externe Angebote zur Förderung des mentalen Wohlbefindens. Diese externen Angebote beinhalten häufig Einzelsitzungen mit Psychologen auf Abruf, Workshops und abrufbaren Content (zum Beispiel OpenUp).

Bei der Regulierung von emotionalen Herausforderungen spielen positive Emotionen eine entscheidende Rolle. Diverse Studien betonen die Bedeutung von positiven Emotionen am Arbeitsplatz (Tugade, 2020; Fredrickson, 1998). Sie haben eine restaurative Funktion bei Stress und sind mit verschiedenen Bewältigungsprozessen verbunden (Folkman, 2008). Positive Emotionen, wie Freude, Begeisterung und Interesse, können nicht nur das individuelle Wohlbefinden steigern, sondern auch die Leistungsfähigkeit und Kreativität der Mitarbeiter fördern. Ein Arbeitsumfeld, das die Entstehung positiver Emotionen unterstützt und somit das emotionale Wohlbefinden der Mitarbeiter fördert, kann zu einer verbesserten Zusammenarbeit, höherer Arbeitszufriedenheit und geringerem Stressniveau führen.

In den folgenden Kapiteln betrachten wir, wie positive Emotionen in den Einflussbereichen Leadership, People und Culture entstehen können. Doch zunächst bleiben wir noch im Themenfeld Mindset und sehen uns genauer an, wie es möglich ist, die persönliche Balance zu gewinnen und zu halten.

7.3 Persönliche Balance

7.3.1 Zeit und Energie

Jeder Mensch nimmt in seinem Leben verschiedene Rollen ein, sei es als Partner, Freund, Elternteil, Kind, Geschwister, Kollege, oder Führungskraft. Eine ausgewogene Verteilung von Zeit und Energie auf diese unterschiedlichen Lebensbereiche ermöglicht eine gesunde und erfüllende Lebensweise. Die persönliche Balance bedeutet, das Gleichgewicht zwischen Arbeit, Familie, sozialem Leben und persönlichem Wohlbefinden zu wahren und in den verschiedenen Rollen im Leben präsent zu sein.

Ein ausgeglichenes persönliches Leben hat einen nachweislich positiven Einfluss auf das Wohlbefinden am Arbeitsplatz. Häufig erlebe ich in Coachinggesprächen Führungskräfte, die Schwierigkeiten haben, die Balance zwischen den verschiedenen Lebensbereichen aufrechtzuerhalten. Sie fühlen sich fremdgesteuert, gefangen im Job, überfordert im privaten Umfeld oder wünschen sich eine Neuausrichtung ihrer Prioritäten. Selbstführung, insbesondere selbstbestimmtes Handeln, bewusste Entscheidungsfindung und Selbstmanagement, sind entscheidende Schlüssel in diesem Kontext. Ein guter Anfang ist die reflektierte Betrachtung der eigenen Energie, des Zeitaufwands und der Zufriedenheit in den verschiedenen Rollen und Lebensbereichen.

Selbstreflexion mit dem KISS-Prinzip – Verbesserung der persönlichen Balance

Mit dem KISS-Prinzip können wir uns Fragen stellen, die dazu beitragen, unsere eigene Lebenssituation besser zu verstehen und Perspektiven zu einer Verbesserung zu eröffnen. Die Vorgehensweise ist ganz einfach: Bewerte die folgende vier Lebensbereiche (Ich, Familie, Arbeit, soziales Leben) mit dem KISS-Prinzip, das heißt anhand der Frage, was du behalten (keep), verbessern (improve), beginnen (start) oder stoppen (stop) willst.

Persönlich (Ich)

- **K** (Keep): Welche Aspekte tragen zu meinem persönlichen Energiehaushalt bei? Was bringt mir Freude und Energie? Was bringt mich runter? Was möchte ich beibehalten?
- **I** (Improve): Welche Energiequellen könnte ich ausbauen oder weiterentwickeln? Was könnte ich noch mehr tun?
- **S** (Start): Mit welchen konkreten Handlungen kann ich beginnen, meine persönliche Balance zu stärken?
- **S** (Stop): Welche Gewohnheiten oder Aktivitäten rauben mir Energie und sollten reduziert oder gestoppt werden?

Familie (z. B. Rolle als Elternteil, Geschwister, Kind, Großelternteil)

- **K**: Welche Familienaktivitäten oder Beziehungen tragen zu meinem Wohlbefinden bei? Was möchte ich bewahren?
- **I**: Wo kann ich in meiner Rolle als Familienmitglied Verbesserungen vornehmen?
- **S**: Welche neuen Gewohnheiten oder Aktivitäten möchte ich in meiner Familie einführen?
- **S**: Welche Gewohnheiten innerhalb der Familie belasten mich und sollten gestoppt werden?

Arbeit (z. B. Rolle als Kollege, Führungskraft, Spezialisten)

- **K**: Welche Aspekte meiner Arbeit bringen mir Erfüllung? Was möchte ich beibehalten?
- **I**: In welchen beruflichen Bereichen strebe ich Verbesserungen an?
- **S**: Welche konkreten Schritte kann ich unternehmen, um meine berufliche Balance zu verbessern?
- **S**: Welche beruflichen Tätigkeiten oder Gewohnheiten belasten mich und sollten gestoppt werden?

Soziales Leben (z. B. Rolle als Freund, Nachbar, Mitglied einer Gemeinschaft, Freiwillige, Bürger)

- **K**: Welche sozialen Beziehungen, Verbindungen und Aktivitäten tragen zu meiner Lebensfreude bei? Was möchte ich beibehalten?
- **I**: In welchen sozialen Bereichen möchte ich mich weiterentwickeln oder mehr engagieren?
- **S**: Welche konkreten Maßnahmen kann ich ergreifen, um mein soziales Leben zu bereichern?
- **S**: Welche sozialen Verpflichtungen, Beziehungen oder Aktivitäten kosten mich mehr Energie, als sie mir geben, und sollten gestoppt werden?

Die persönliche Balance kann auch durch das Arbeitsumfeld und die Unterstützung des Arbeitgebers beeinflusst werden. Arbeitgeber können maßgeblich dazu beitragen, die individuellen Herausforderungen ihrer Mitarbeiter in verschiedenen Lebensphasen zu berücksichtigen. Inspirierende Unternehmen, denen ich begegnet bin, nehmen die Bedürfnisse ihrer Mitarbeiter ernst und setzen sich aktiv für die Vereinbarkeit von Familie und Beruf sowie für eine ausgewogene Lebensbalance ein. Dies trägt nicht nur zum Arbeitsglück bei, sondern fördert auch eine gesunde und produktive Arbeitsumgebung.

Business Case: Adacor -: Vereinbarkeit von Familie und Beruf für persönliche Balance und Arbeitsglück

Adacor ist ein führendes Unternehmen in der Konzeption und Verwaltung von IT-Plattformen in der Cloud. Mit Standorten in Offenbach am Main und Essen agiert das agile Unternehmen mit rund 70 Mitarbeitern als entscheidender Partner für die Digitalisierung von Geschäftsmodellen.

Unternehmensmission und Werte

Die Förderung des Wohlbefindens und persönlicher Balance bei der Arbeit ist für Adacor essenziell. Die Unternehmenskultur beruht darauf, ein Umfeld zu schaffen, in dem individuelle Ziele und Bedürfnisse der Mitarbeiter im Einklang mit den Zielen des Unternehmens stehen. Der Fokus liegt auf der Verwirklichung von persönlichen Zielen in Bezug auf die individuelle Weiterentwicklung, den Einsatz von Talenten, der mentalen und physischen Gesundheit, der Karriere, der Anerkennung der Arbeit, der Sichtbarkeit von Erfolgen, fairer Bezahlung und der Vereinbarkeit von Familie und Beruf. Adacor zielt darauf ab, dies zu ermöglichen und agiert deshalb als Partner auf Augenhöhe mit Blick auf die Bedürfnisse der Kollegen.

Besonderer Fokus: Vereinbarkeit von Familie und Beruf

Adacor wurde mehrfach für seine Familienfreundlichkeit ausgezeichnet und hat sich insbesondere in der Vereinbarkeit von Familie und Beruf hervorgetan. Die Stadt Offenbach honorierte dies mit der Auszeichnung als besonders familienfreundliches Unternehmen. Zusätzlich erhielt Adacor Anerkennungen als eines der besten Unternehmen für Frauen durch die Zeitschrift BRIGITTE, sowie als eines der besten Unternehmen für Familien durch die Zeitschrift ELTERN. Die Auszeichnungen als Kununu Top Company und Great Place to Work unterstreichen die herausragende Bedeutung, die Adacor diesem Bereich beimisst. Was macht Adacor zu einem familienfreundlichen Unternehmen?

- Alle Stellen, einschließlich Führungspositionen, werden in Teilzeit ausgeschrieben.
- Ein Eltern-Kind-Büro am Standort Offenbach erleichtert die Vereinbarkeit bei Betreuungsengpässen. Dieses Büro wird auch für familienfreundliche Bewerbungsgespräche genutzt, wenn Kandidatinnen und Kandidaten außerhalb der Kita- oder Schulzeiten zum Gespräch kommen und keine Betreuungsmöglichkeiten für ihre Kinder haben.
- Remote-Work-Tage sind fester Bestandteil der Arbeitsorganisation bei Adacor, ebenso wie Kernzeiten für Meetings, um sicherzustellen, dass diese sich nicht mit den Bring- und Abholzeiten der Kitas und Schulen überschneiden.
- Agile Arbeitsweisen wie Sprintplanungen helfen dabei, Aufgaben sorgfältig zu planen und Überforderung in den Teams zu vermeiden.
- Den Mitarbeitern stehen Elternguides und ein Pflegeguide in besonderen oder herausfordernden Situationen zur Seite. Diese Guides sind feste Ansprechpartner, die mentale Unterstützung bieten, bei der Organisation helfen und das Bewusstsein im Unternehmen für ihre Themen schärfen.
- Alle Mitarbeiter haben die Möglichkeit, zehn Stunden persönliches Coaching pro Jahr in Anspruch zu nehmen, um an ihrer persönlichen Weiterentwicklung und ihren Stärken und Fähigkeiten zu arbeiten.
- Adacor begleitet Mütter und Väter mit einem Elternzeitprozess durch längere Abwesenheiten, behandelt sie in dieser Zeit als aktiven Teil des Unternehmens und stellt Benefits zur Verfügung, während gemeinsam an der Karriereplanung gearbeitet wird.
- Das Adacor-Steps-Karriereframework bietet vielfältige Karrieremöglichkeiten, basierend auf fünf Qualitäten: Fachliches Können, Teamerfolg, strategisches Denken, Verantwortung und Weiterentwicklung. Die Leistung, der positive Einfluss und die Wirksamkeit im Unternehmen werden bewertet, unabhängig von den Wochenstunden und der disziplinarischen Führung. Dies ermöglicht individuelle Karrieren, die zur aktuellen Lebenssituation und den persönlichen Wünschen passen.
- Lebensphasenorientierte Benefits runden das Programm ab.

Wirksamkeit & Feedback

Das Ausschreiben von Stellen in Teilzeit und die Möglichkeit zur individuellen Anpassung des Arbeitszeitmodells bietet Mitarbeitern enorme Flexibilität und Freiheit. Dies erweitert den Bewerberpool und stärkt die Bindung an das Unternehmen. Zudem trägt die Vielfalt der Teilzeitangebote zu diverseren Teams und damit zur Steigerung der Innovationskraft des Unternehmens bei.

Die Bereitstellung von Eltern- und Pflegeguides ist eine einfache und äußerst wirksame Möglichkeit, Kolleginnen und Kollegen in schwierigen Situationen zu unterstützen und das Bewusstsein für relevante Themen zu schärfen. Darüber hinaus macht es das Engagement des Unternehmens deutlich, was wiederum die Arbeitgeber-Arbeitnehmer-Beziehung festigt.

Der Elternzeitprozess sorgt dafür, dass wichtige Expertinnen und Experten weiterhin eng mit dem Unternehmen verbunden bleiben, was Kosten für die Neubesetzung von Stellen spart, die Dauer der Abwesenheit verkürzt und die Bindung an das Unternehmen stärkt.

Adacor hat in unabhängigen Umfragen durch Great Place to Work herausragende Ergebnisse erzielt und gehört zu den besten Arbeitgebern in Hessen und in der IT-Branche. Die durchschnittliche Betriebszugehörigkeit beträgt 7,5 Jahre. Die hohe Vermittlungsquote von neuen Mitarbeitern durch Kollegen von durchschnittlich 40 Prozent unterstreicht die positive Unternehmenskultur. Die zahlreichen Bewerbungen dank des Fokus auf Unternehmenskultur und Vereinbarkeit ermöglichen es Adacor, jede Stelle mit den passenden Kandidaten zu besetzen. Insgesamt haben die Maßnahmen zur Förderung des Wohlbefindens und des Glücks bei der Arbeit nachweislich zu einer hohen Mitarbeiterzufriedenheit, langfristigen Bindung und gesteigerter Produktivität beigetragen.

Mehr Informationen? www.adacor.com (zuletzt abgerufen am 14.02.2024)

- Elternguides ausbilden? Zum Beispiel hier: www.elvisory.de/unternehmen/eltern-guide (zuletzt abgerufen am 14.02.2024)
- Pflegeguides ausbilden? Zum Beispiel hier: www.berufundpflege.hessen.de/angebote/qualifizierung-zum-betrieblichen-pflege-guide (zuletzt abgerufen am 14.02.2024)

Dieser Beitrag ist in Zusammenarbeit mit Kiki Radicke, Head of People & Culture bei Adacor Hosting GmbH erstellt worden. Kiki ist viel mit anderen Unternehmen und HR-Leitungen im Austausch und gibt gerne Best Practices und Materialien weiter. Zum Beispiel eine Onboarding-Checkliste, Preboardingkarten und ein Plakat ›Familienfreundliche Arbeitgeber:innen‹. Kontaktiere Kiki gerne auf LinkedIn für mehr Informationen.

7.3.2 Gesunde Lebensgewohnheiten und Achtsamkeit

Persönliches Wohlbefinden kann – neben einer ausgewogenen Verteilung von Zeit und Energie zwischen verschiedenen Lebensbereichen – auch auf andere Weisen positiv beeinflusst werden.

Gesunde Lebensgewohnheiten

Gesunde Lebensgewohnheiten, wie eine ausgewogene Ernährung, ausreichend Schlaf und regelmäßige körperliche Aktivität sind entscheidend für Wohlbefinden und Arbeitsglück. Diese Faktoren beeinflussen nicht nur die physische Gesundheit, sondern auch die mentale Verfassung. Die Integration von mehr Bewegung in den Arbeitsalltag kann beispielsweise durch den Arbeitsweg (teilweise) zu Fuß oder mit dem Fahrrad, Bewegung in den Pausenzeiten, die Abwechslung von Sitzen und Stehen sowie das Gehen während Telefonaten oder Meetings erfolgen.

Leben im Hier und Jetzt

Eine weitere evidenzbasierte Glücksstrategie, die zum persönlichen Wohlbefinden beiträgt, ist das Leben im Hier und Jetzt (Lyubormirsky, 2008). Fast die Hälfte der Zeit schweifen unsere Gedanken zu anderen Orten als dem gegenwärtigen Moment ab (Killingsworth, 2010). Dabei spielt es keine Rolle, ob wir über etwas Negatives oder Neutrales nachdenken – das Abschweifen unserer Gedanken ist ungünstig für unser Glücksempfinden. Gedankliches Abschweifen ist ein automatischer Prozess, bei dem wir dazu neigen, eher zu negativen Gedanken abzuschweifen. Sich bewusst Zeit für Achtsamkeit zu nehmen, um das Sein im Hier und Jetzt zu fördern, hilft dabei, eine positive Lebensperspektive zu entwickeln, Stress besser bewältigen zu können und das persönliche Wohlbefinden zu steigern.

Fünf Tipps, um Achtsamkeit im Arbeitsalltag zu fördern

Tipp 1: Achtsame Meetings

- *Eine Minute Schweigen vor dem Meeting:* Starte Meetings mit einer kurzen Phase des Schweigens, um allen Teilnehmern die Möglichkeit zu geben, sich zu sammeln und auf den Fokus des Meetings einzustimmen.
- *Kurze Pausen:* Integriere kurze Pausen zwischen Aufgaben, um bewusst durchzuatmen und den Fokus neu zu setzen. Nutze diese Momente, um kurz innezuhalten und dich zu zentrieren.
- *Notizen machen:* Stelle sicher, dass du während Meetings oder Aufgaben bewusst Notizen machst, um deine Gedanken zu ordnen und die Konzentration auf das Wesentliche zu lenken.

Tipp 2: Bewusster Umgang mit Arbeitszeit

- *Keine Pop-up-Fenster:* Schalte Benachrichtigungen und Pop-up-Fenster aus, wenn du an konzentrierten Aufgaben arbeitest. Dies ermöglicht dir, ungestört zu arbeiten und zu fokussieren.
- *E-Mails in einem bestimmten Zeitrahmen:* Setze dir feste Zeiten für die Bearbeitung von E-Mails, anstatt kontinuierlich auf eingehende Nachrichten zu reagieren. Das ermöglicht dir, bewusster mit deiner Zeit umzugehen.
- *Beendigung von Aufgaben vor Beginn neuer Aufgaben:* Bevor du zu einer neuen Aufgabe übergehst, schließe bewusst ab, indem du deine bisherige Arbeit beendest.

Tipp 3: Bewusste Pausen

- *Aktive Pausen:* Nutze Pausen bewusst, um dich zu regenerieren. Kurze Spaziergänge, Dehnübungen oder Atemübungen können dazu beitragen, den Geist zu erfrischen und die Achtsamkeit zu stärken.
- *Digitale Auszeit:* Plane bewusst Zeit ohne digitale Ablenkungen ein. Eine kurze Pause von Bildschirmen entspannt die Augen und fördert Klarheit im Denken.
- *Achtsamer Spaziergang:* richte deine Aufmerksamkeit bewusst auf deine Sinne. Spüre den Boden unter deinen Füßen, höre bewusst auf Umgebungsgeräusche, rieche die Luft und nimm die visuellen Reize wahr.

Tipp 4: Achtsames Kommunizieren

- *Bewusstes Zuhören:* Nimm dir Zeit, um anderen bewusst zuzuhören, anstatt bereits während des Sprechens zu planen, was du als Nächstes sagen möchtest.
- *Klare Kommunikation:* Sei präzise und klar in deiner Kommunikation. Dies verhindert Missverständnisse und unterstützt, dass sich Gesprächspartner bewusst aufeinander fokussieren können.

Tipp 5: Achtsames Essen und Trinken

- *Bewusstes Essen:* Nimm dir Zeit, um bewusst zu essen, ohne gleichzeitig zu arbeiten oder auf dem Smartphone zu scrollen.
- *Bewusstes Trinken:* Genieße bewusst ein Heißgetränk oder ein Glas Wasser. Fokussiere dich auf den Geschmack und nutze dies als kurze Pause um achtsam im Moment zu sein.

Persönliches Wohlbefinden basiert auf individuellen Präferenzen, daher ist es wichtig, Methoden zu finden, die zum eigenen Lebensstil passen. Experimentiere mit verschiedenen Techniken, um herauszufinden, was am besten zu dir passt. Um langfristige, nachhaltige und positive Veränderungen herbeizuführen, ist es entscheidend, kontinuierlich auf sich selbst zu achten, sich zu beobachten und Anpassungen vorzunehmen.

Business Case: »Expeditionsboxen« für weniger Stress und mehr Gesundheit

Das Unternehmen »Expedition gesundes Unternehmen«, gegründet in 2021 in Mannheim, setzt sich leidenschaftlich dafür ein, die Gesundheitskompetenz in Teams zu steigern, um dadurch Krankheiten vorzubeugen. Mit einem beruflichen Hintergrund in Gesundheits- und Krankenpflege und Erfahrungen in der Pharmabranche und Forschung vereinen die Gründer ihre Expertisen, um Unternehmen aller Branchen dabei zu unterstützen, Stress zu reduzieren und die physische und mentale Gesundheit ihrer Mitarbeiter zu fördern.

Unternehmensmission und Werte

Die Mission von Expedition gesundes Unternehmen ist klar definiert: Die Gesundheit am Arbeitsplatz soll nachhaltig verbessert werden, um langfristig die Zufriedenheit der Mitarbeiter zu steigern und Krankheitstage zu minimieren.

Durch interaktive Expeditionsboxen erhalten Mitarbeiter nicht nur Wissen, sondern auch konkrete Handlungsempfehlungen, um selbstständig Belastungen erkennen und bewältigen können und somit ihre eigene Gesundheit aktiv zu verbessern.

Die Expeditionsboxen
Die Hauptprodukte von »Expedition gesundes Unternehmen« sind Expeditionsboxen, die verschiedene Gesundheitsthemen abdecken, darunter Bewegung, betriebliches Eingliederungsmanagement (BEM) und die Balance-Stress-Challenge.

Jede Box enthält Expeditionskarten mit grundlegenden Informationen und praktischen Handlungsempfehlungen. Mal ist es ein Spiel, mal ein Rätsel, mal ein To-do. Durch QR-Codes können Mitarbeiter digitale Ressourcen nutzen, darunter Videos, Audios und Downloads, um ihre Gesundheitskompetenz zu vertiefen. Expedition gesundes Unternehmen bietet auch unterstützende Produkte an, um die Umsetzung von Zielen zu fördern und die Gesundheitskompetenz im gesamten Unternehmen zu steigern.

Kundenstimmen
Eines der ersten Unternehmen, das die Expeditionsboxen eingeführt hat, ist ein Softwareunternehmen mit über 30 Jahren Erfahrung. Die Expeditionsbox »Gesundheit« ist fester Bestandteil des betrieblichen Gesundheitsmanagements für alle Beschäftigte. Dies führte zu einem gemeinsamen Verständnis für mehr Gesundheit und einem gestärkten Wir-Gefühl unter den Mitarbeitern.

Ein weiteres Beispiel ist ein Start-up, das die Quartalslieferung der Expeditionsboxen nutzt. Viele Maßnahmen in der betrieblichen Gesundheitsförderung sind häufig ab einer Beschäftigtenanzahl von 10 oder 50 buchbar. Dieser Fall verdeutlicht, dass auch kleinere Unternehmen Zugang zu effektiven Maßnahmen im betrieblichen Gesundheitsmanagement haben können. Expedition gesundes Unternehmen ermöglicht es, unabhängig von der Unternehmensgröße, die Gesundheit und damit das Glück am Arbeitsplatz zu fördern.

Mehr Informationen? www.expedition-gesundesunternehmen.de (abgerufen am 14.02.2024)

Dieser Beitrag ist entstanden in Zusammenarbeit mit Patrick Hüter, Co-Founder von Expedition gesundes Unternehmen. Wenn du mehr über die Möglichkeiten der Expeditionsboxen für dein Unternehmen erfahren möchtest, nimm gerne Kontakt mit Patrick auf LinkedIn auf.

8 Einflussbereich 2: LEADERSHIP – Positive Führung für Teamglück

Die Führungsperson spielt eine entscheidende Rolle bei der Gestaltung der Unternehmenskultur und dem langfristigen Glück der Mitarbeiter. Das ist den meisten auch klar. Was aber oft noch Entwicklungsfelder sind, sind vor allem zwei Dinge. Erstens stellt das Zeigen persönlicher Schwächen und das Eingestehen von Fehlern oder Emotionen keine Schwäche dar, sondern wird immer als große und beeindruckende Stärke betrachtet. Keine Führungskraft muss wie eine Maschine funktionieren. Zweitens sind Führungskräfte oft zu fürsorglich oder machen Dinge lieber schnell mal selbst – vermeintlich als Hilfestellung für die Mitarbeiter. In Wirklichkeit aber fördert das eine gewisse Unselbstständigkeit oder das Gefühl, Aufgaben nicht in Gänze selbstständig bewerkstelligen zu können. Hier ist weniger oft mehr. Weniger selbst machen – dafür aber mehr fragen: Was brauchst du, um diese Aufgabe eigenverantwortlich abzuschließen?

Prof. Dr. Ricarda Rehwaldt, Professorin für Psychologie

Im Kapitel »Mindset« haben wir festgestellt, dass jeder Einzelne aktiv zu seinem eigenen Glück am Arbeitsplatz beitragen kann, indem er Emotionen, Gedanken und Verhaltensweisen reflektiert, versteht und managt. Neben der persönlichen Einstellung und dem Mindset gibt es noch weitere Faktoren, die darüber entscheiden, ob man sich am Arbeitsplatz glücklich fühlt oder nicht. Eine entscheidende Rolle nimmt dabei der direkte Vorgesetzte ein.

Führungskräfte stehen an vorderster Front, um Veränderungen in ihren Teams zu gestalten. Sie können das Wohl ihrer Teams zu einem zentralen Anliegen machen und gemeinsam eine Arbeitskultur schaffen, die nicht nur erfolgreich, sondern auch erfüllend ist.

Eine Studie, an der über 2,5 Millionen von Managern geführte Teams in 195 Ländern befragt wurden, bestätigte, dass der Einfluss, den eine direkte Führungskraft auf das Engagement ihrer Teams hat, bis zu 70 Prozent beträgt (Gallup, 2015). Dies sollte für alle, die in einer Führungsposition sind, ein Weckruf sein, das Wohlbefinden der Mitarbeiter zu priorisieren. Jede Führungskraft hat nicht nur die Verantwortung, sondern auch das Privileg, durch einen Fokus auf Wohlbefinden maßgeblich zum allgemeinen Glück der Menschen beitragen zu können.

In diesem Kapitel besprechen wir konkrete Führungsansätze, die einen positiven Wandel im Team herbeiführen können. Dabei steht Positive Führung im Mittelpunkt.

8.1 Positive Führung

Positive Führung (Positive Leadership) ist mehr als nur ein Führungsstil, sie ist ein bewusster und regelmäßiger Ansatz, der darauf abzielt, ein Klima zu schaffen, in dem positive Emotionen entstehen können. Sie stellt eine tägliche Entscheidung dar, bei der Führungskräfte echtes Verständnis zeigen, ihre Mitarbeiter inspirieren und befähigen (empowern). Dieser Ansatz fördert individuelle Stärken, Teamarbeit und den Aufbau einer Kultur, in der sich jeder Mitarbeiter anerkannt und engagiert fühlt (Mühlfeit&Costi, 2016). Durch die Übernahme dieses Führungsansatzes schaffen Führungskräfte einen Raum, in dem Teammitglieder nicht nur arbeiten, sondern auch aufblühen. Sie fühlen sich geschätzt, vertrauenswürdig und motiviert, was ihre Selbstverwirklichung und ihr Sinnempfinden und damit ihr Arbeitsglück positiv beeinflusst.

Die Auswirkungen der Positiven Führung sind stark. Sie fördert ein Gefühl von Zweck und Bedeutung bei den Mitarbeitern, steigert die Engagement- und Zufriedenheitswerte und verringert die Fluktuationsraten (Tombaugh, 2005; Alimo-Metcalfe, 2008). Positive Führung stärkt die Teambindung und treibt Organisationen dazu, Großartiges zu erreichen (Ramdas&Patrick, 2019). Im Kern entfacht Positive Führung sowohl persönlichen als auch teambezogenen Erfolg.

Positive Führung kann mit verschiedenen Führungsstilen, -ansätzen und -modellen verknüpft werden, zum Beispiel:

- Transformationale Führung (Transformational Leadership) betont die Inspiration und Motivation von Mitarbeitern durch die Vermittlung einer überzeugenden Vision, die Demonstration von Enthusiasmus und die Förderung des persönlichen Wachstums.
- Dienende Führung (Servant Leadership) priorisiert das Wohlbefinden und die Entwicklung der einzelnen Mitarbeiter.
- Authentische Führung zeichnet sich durch Selbstbewusstsein, Transparenz und Treue zu Werten aus, was zu einer positiven Führungskultur beitragen kann.

- Einladende Führung (Inviting Leadership) fördert eine Kultur der Zusammenarbeit und Teilhabe, indem die Ideen und Perspektiven von Mitarbeitern aktiv in den Entscheidungsprozess mit einbezogen werden.
- Emotionale Intelligenz ermöglicht es den Führungskräften, Beziehungen zu managen und positive Arbeitsumgebungen zu schaffen.

Umfassende Perspektive auf das Wohlbefinden: das PERMA-Modell

Im deutschsprachigen Raum wird das PERMA-Modell von Seligman (2011) oft in Verbindung mit Positiver Führung gebracht (Ebner, 2019). Das PERMA-Modell bietet eine umfassende Perspektive auf das Wohlbefinden, indem es fünf Schlüsselelemente für Wohlbefinden identifiziert:

- P – Positive Emotions (Positive Emotionen),
- E – Engagement (Engagement),
- R – Relationship (Beziehung),
- M – Meaning (Sinn) und
- A – Accomplishment (Zielerreichung).

Ebner (2019) betrachtet diese fünf Faktoren im PERMA-LEAD Model als Kernkompetenzen einer positiven Führungskraft.

Die drei Pfeiler der Positiven Führung

Positive Führung schöpft aus diesem und anderen Modellen, indem sie darauf abzielt, ein positives Arbeitsumfeld zu schaffen, in dem Sinnempfinden, positive Beziehungen und Selbstverwirklichung gefördert werden.

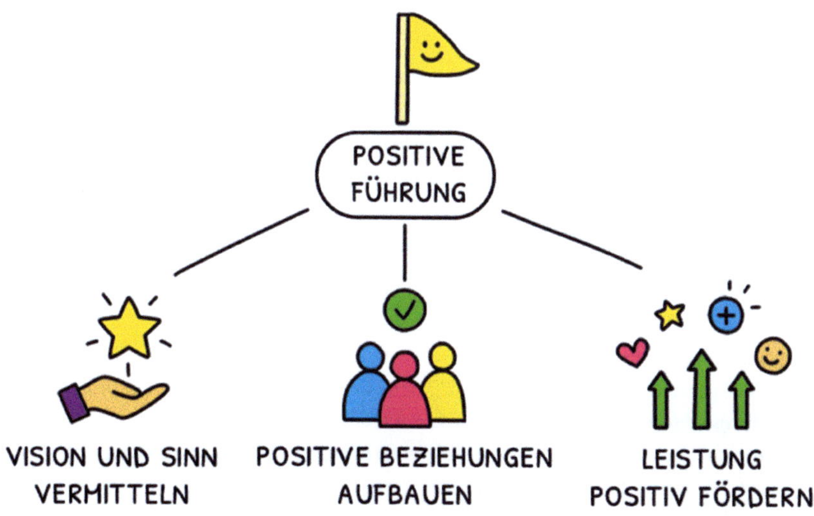

Die drei Pfeiler der Positiven Führung

Wenn Führungskräfte diese Elemente in ihre tägliche Arbeit integrieren, können sie nicht nur erfolgreiche Teams, sondern auch florierende Arbeitsumgebungen schaffen.

Tipp: Positive Atmosphäre in Teammeetings fördern

Fünf Fragen, um eine positive Atmosphäre in ein einem Teammeeting zu fördern:

- Was war in der letzten Woche ein Highlight für dich?
- Was hat dir heute Freude gemacht, was hat dich zum Lächeln gebracht?
- Was macht dich gerade glücklich oder stolz?
- Was klappt im Team gerade gut?
- Worauf freust du dich nächste Woche?

8.2 Pfeiler 1: Vision und Sinn vermitteln

Der erste Pfeiler der Positiven Führung ist es, sicherzustellen, dass Mitarbeiter sowohl für eine übergeordnete Vision begeistert sind, als auch ihre Arbeit als sinnvoll erleben.

8.2.1 Persönlicher Sinn und Unternehmenszweck

Sinn veranlasst Mitarbeiter dazu, sich für ihre Arbeit zu engagieren und Verantwortung zu übernehmen. Was genau jeder Einzelne als bedeutsam empfindet, ist individuell unterschiedlich. Es kann beispielsweise bedeuten: Der Einfluss auf andere Menschen oder die Gesellschaft, persönliche Bindungen zu Kollegen, die Vielfalt von Aufgaben, das Streben nach Gestaltungsmöglichkeiten oder das Bedürfnis nach Freiräumen (Brokmeier et al, 2023).

Die Verwendung der Fragen des IKIGAI-Konzepts (Kapitel 7.1.2) kann dabei helfen, den persönlichen Sinn für jeden Einzelnen zu konkretisieren. Positive Führung bedeutet, eine Umgebung zu schaffen, in der Mitarbeiter befähigt werden, ihren persönlichen Sinn und ihre Werte zu entdecken, zu entwickeln und zu verfolgen.

Selbstreflexion: Positive Führung beginnt bei dir selbst

Bist du dir des Sinns deiner Rolle als Führungskraft bewusst? Reflektiere über folgende Fragen:

- Warum möchte ich führen?
- Welche persönlichen Werte möchte ich durch meine Führung zum Ausdruck bringen?
- Wofür möchte ich als Führungskraft bekannt sein?
- Wie kann meine Arbeit als Führungskraft einen positiven Einfluss auf das Leben meines Teams haben? Und auf die Organisation?
- Welche Aspekte meiner Führungsaufgabe geben mir persönliche Erfüllung?

Arbeitsglück entsteht, wenn das Gefühl besteht, dass die eigene Arbeit sinnvoll und wertvoll ist. Mitarbeiter betrachten ihre Arbeit als sinnstiftend, wenn ihre Aufgaben sowohl im Einklang mit persönlichem Sinn und den Werten, als auch mit Unternehmenswerten stehen. Dies stärkt die Bindung an die gemeinsame Vision und verleiht der Arbeit eine tiefe Sinnhaftigkeit. Ebenso empfinden sie ihre Arbeit als wertvoll, wenn der persönliche Beitrag zu den Werten und der Zweck der Organisation, für die sie tätig sind, klar ist.

Tipp: Sinnempfinden bei Mitarbeitern fördern

Wie kann das Sinnempfinden bei den Mitarbeitern gefördert werden? Die folgenden Tipps können dabei helfen.

- Kommuniziere klar das »Warum« der Aufgaben. Kommuniziere die Vision, die Mission und die Werte der Organisation und betone, was der individuelle Beitrag zu den übergeordneten Zielen ist.
- Frage aktiv nach: Was sind persönliche Werte der Mitarbeiter? Wie definiert der Mitarbeiter seinen persönlichen Sinn? Sind die Aufgaben für die Mitarbeiter nachvollziehbar? Welche Entwicklungsmöglichkeiten strebt der Mitarbeiter in seiner Rolle an?
- Biete Gestaltungsmöglichkeiten und fördere Job Crafting: Ermögliche es den Mitarbeitern, ihre eigenen Werte in die Arbeit einzubringen. Fördere die Eigeninitiative und gebe den Mitarbeitern Freiraum für ihre Herangehensweise und das Übernehmen von Aufgaben, die ihnen besonders gut liegen.

8.2.2 Hoffnung und Optimismus

Besonders während Veränderungen und herausfordernden Zeiten ist es entscheidend, Vision und Orientierung zu vermitteln. Positive Führung konzentriert sich in diesen Zeiten darauf, positive Emotionen durch Hoffnung und Optimismus zu schaffen. Die Annahme eines positiven Mindsets ist ein zentraler Bestandteil der positiven Führung, auch wenn sich wahrscheinlich jede Gruppe aus Pessimisten und Optimisten zusammensetzt. Eine Führungskraft, die Hoffnung und Optimismus verbreitet, hat die Fähigkeit, über die Hindernisse hinwegzuschauen und positive Perspektiven zu vermitteln. Mitarbeiter werden dadurch ermutigt, Herausforderungen als Chancen für persönliches Wachstum zu betrachten und eine lösungsorientierte Herangehensweise beizubehalten. Dies stärkt die Resilienz und schafft ein motivierendes Umfeld. Das ermöglicht dem Team, sich gemeinsam diese Zukunft vorzustellen und ein Verständnis davon zu entwickeln, dass es in ihren Händen liegt, diese Zukunftsvorstellung zu erreichen.

Während Positive Führung einen wichtigen Beitrag dazu leistet, die Stimmung zu heben und proaktiv auf Herausforderungen zu reagieren, ist es entscheidend, einen ausgewogenen Blick auf Positivität zu bewahren. Übermäßige Betonung von positiven Aspekten kann zu einer Verdrängung realer Probleme führen. In dieser Hinsicht ist es von Bedeutung, die Grenzen zwischen authentischem Optimismus und toxischer Positivität zu verstehen und zu erkennen, wie Letztere potenziell hinderlich sein kann.

Toxische Positivität ist der Versuch, ständig glücklich zu sein oder stets Positivität auszudrücken, und in einigen Fällen andere dazu zu drängen, dasselbe zu tun (Goodman, 2022). Dieses Streben nach ständiger Positivität hindert die authentische Äußerung echter Emotionen erheblich. Der Druck, immer optimistisch zu sein, beschleunigt letztendlich negative Gefühle, wodurch Menschen dazu neigen, sich selbst als Versager zu betrachten und so ein toxisches Muster zu entwickeln. Nicht jede schwierige Situation erfordert zwangsläufig eine positive Perspektive. Es ist von großer Bedeutung, Hoffnung und Optimismus authentisch einzusetzen und dabei gleichzeitig negative Emotionen und schwierige Situationen anzuerkennen und Unterstützung und Mitgefühl zu bieten.

Selbstreflexion: Toxisch oder authentisch?

Prüfe die folgenden Aussagen, die häufig im Unternehmensumfeld zu hören sind: Wie hört es sich an, wenn mit toxischer Positivität formuliert wird, und wie lautet es, wenn ein authentischer Optimismus dahinter steht?

Toxische Positivität	Authentischer Optimismus
Negativ zu sein, wird euch nicht helfen.	Es ist wichtig, es rauszulassen. Gibt es etwas, das ich tun kann, um es euch leichter zu machen?
Good vibes only!	Es ist in Ordnung, wenn du dich wütend, traurig usw. fühlst. Alle Gefühle sind erlaubt.
Du wirst darüber hinwegkommen.	Ich verstehe, dass dies schwierig ist. Möchtest du mit mir teilen, welche Gefühle auftreten?
Andere Teams haben es viel schlimmer.	Ich kann verstehen, dass ihr darüber verärgert seid. Welche Art von Unterstützung würde euch helfen, mit der jetzigen Situation umzugehen?
Bleibt einfach positiv.	Die Zeiten sind gerade schwierig. Welche Art von Unterstützung könntest du gebrauchen?

Business Case: iOpener Institute

Happiness at Work Assessments bei der Führungskräfteentwicklung

Die Mission des iOpener Institute besteht darin, das Glück bei der Arbeit zu fördern und das volle Potenzial von Individuen und Organisationen zu entfalten. Seit der Gründung von Jess Pryce-Jones 1998 setzt das Team auf maßgeschneiderte Führungskräfteentwicklung, die sich auf die positive Psychologie konzentriert. Das iOpener Institute arbeitet mit Organisationen, Studenten in Business Schools und Einzelpersonen zusammen.

Happiness at Work & Führungskräfteentwicklung

Ein besonderer Fokus liegt auf der Wissenschaft des Glücks bei der Arbeit. Das iOpener Institute setzt auf das Performance-Happiness Model, das durch ein umfassendes Assessment die Elemente des Glücks am Arbeitsplatz identifiziert. Mit individualisierten, team- und organisationsweiten Berichten ermöglicht das Modell eine präzise Analyse von Stärken und Schwächen. Die Fokussierung auf die 5 C's (Contribution, Conviction, Culture, Commitment, Confidence) sowie auf Stolz, Vertrauen und Anerkennung bildet die Grundlage für die strategischen Initiativen. Die Maßnahmen zielen darauf ab, sowohl das Gute zu stärken, als auch Bereiche zu verbessern, die das Glück beeinträchtigen.

Kundenstimmen

Seit 2014 führt das iOpener Institute Leadership-Akademien in einem deutschen Autozulieferer durch. Das Happiness at Work Assessment bildet die Grundlage des Programms und fördert Selbstreflexion und positive Führung. Die systematische Anwendung des Performance-Happiness Models führt zu einer Veränderung in der Führungswahrnehmung. Diese neue Perspektive betont das Beobachten positiver Aspekte in jeder Situation und nutzt sie als Ausgangspunkt, um an bestehenden Herausforderungen zu arbeiten. Die Methodik zielt nicht darauf ab, Herausforderungen zu ignorieren, sondern fordert dazu auf, sie mit einer differenzierten Denkweise anzugehen, was Resilienz, innovativere Lösungsansätze und schnellere Problemlösungen fördert.

Das iOpener Institute pflegt seit Jahren eine enge Beziehung zu zwei britischen Wohltätigkeitsorganisationen im Bereich Hospiz- und Palliativpflege. Durch die Analyse des Happiness at Work Assessments wurden Workshops entwickelt, um spezifische Herausforderungen anzugehen. Die Auswirkungen auf die Mitarbeiterzufriedenheit zeigen sich nicht nur in verbesserter Widerstandsfähigkeit, sondern auch in einer erhöhten Unterstützung für Patienten und Angehörige.

Dieser Beitrag ist in Zusammenarbeit mit Oriana Tickell, Director Coaching Programs & Science of Happiness at Work and Vik Kumar, Managing Director ent-

standen. Mehr Informationen zum iOpener Institute und der Happiness at Work Assessment findest du auf: www.iopenerinstitute.com (abgerufen am 12.02.2024)

8.3 Pfeiler 2: Positive Beziehungen aufbauen

Der zweite Pfeiler positiver Führung liegt im Aufbau und der Pflege positiver Beziehungen. Die Authentizität ist hier von zentraler Bedeutung. Eine authentische Führungskraft zu sein, bedeutet seine Werte zu kennen und ihnen treu zu bleiben, dabei aber auch transparent zu sein. Eine konsequente Ausrichtung von Handlungen an Werten schafft Vertrauen, und das Eingestehen von Fehlern und Misserfolge zeigt Demut und die Bereitschaft zum Wachstum. Authentizität erfordert offene und ehrliche Kommunikation, echte Beteiligung in Interaktionen und die Vermeidung von Versuchungen, ein falsches Bild zu präsentieren. Das Festlegen und Respektieren von Grenzen, Entscheidungen auf der Grundlage von Kernwerten und kontinuierliche Selbstreflexion tragen zu einer authentischen Präsenz bei. Auch das selbstbewusste Annehmen von Stärken und Schwächen hilft dabei, eine menschliche und zugängliche Atmosphäre zu schaffen.

8.3.1 Offene Gesprächskultur

Regelmäßige persönliche Interaktionen und Gespräche im Team fördern ein besseres Kennenlernen der Kollegen und etablieren eine offene Gesprächskultur. Neben den üblichen Teammeetings und dem Tagesgeschäft bieten sich viele Themen an, um die Verbindung im Team zu stärken, wie beispielsweise Innovationsthemen, Zukunftsvisionen, Strategien und Evaluationsprozesse. Das Ansprechen von persönlichen Themen wie die Balance oder das Wohlbefinden des Teams, fördert den Aufbau positiver Beziehungen innerhalb des Teams.

Team Happiness Check

Eine praktische Übung hierfür ist der »Team Happiness Check«, der hier erklärt und zum Download verfügbar ist.

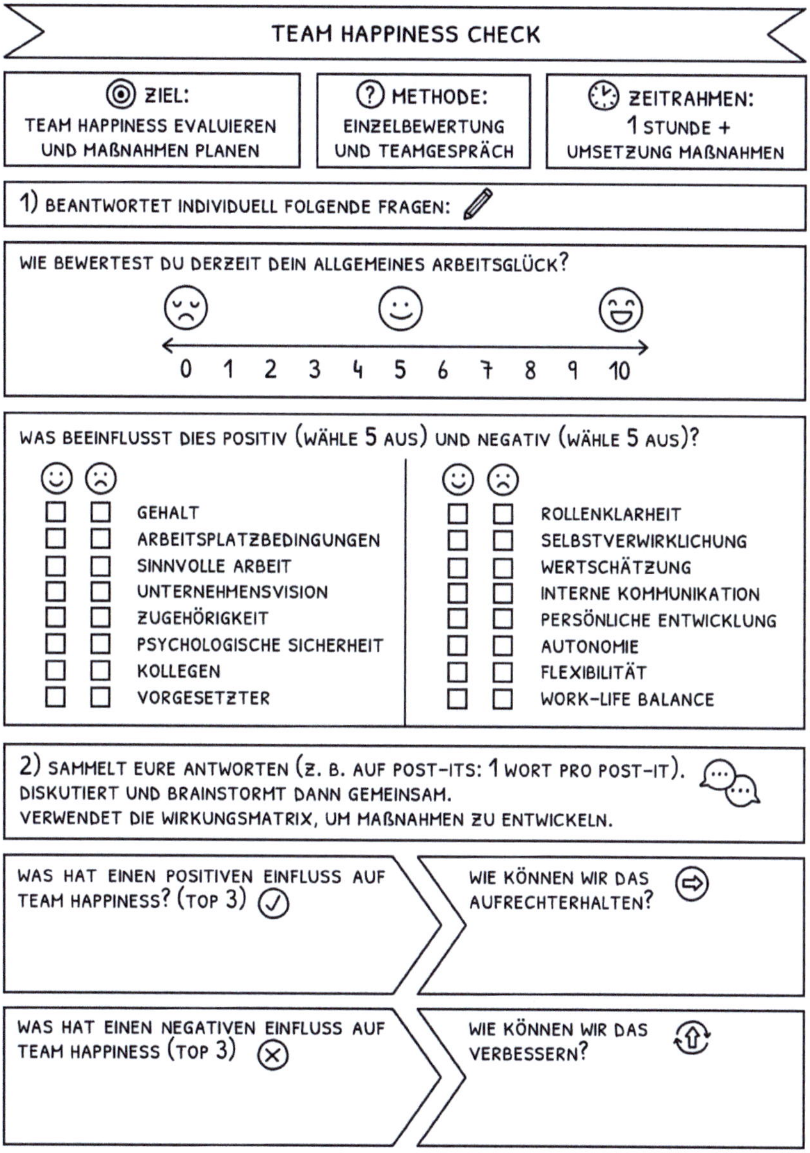

TEAM HAPPINESS CHECK

ZIEL:	METHODE:	ZEITRAHMEN:
TEAM HAPPINESS EVALUIEREN UND MAẞNAHMEN PLANEN	EINZELBEWERTUNG UND TEAMGESPRÄCH	1 STUNDE + UMSETZUNG MAẞNAHMEN

1) BEANTWORTET INDIVIDUELL FOLGENDE FRAGEN:

WIE BEWERTEST DU DERZEIT DEIN ALLGEMEINES ARBEITSGLÜCK?

0 1 2 3 4 5 6 7 8 9 10

WAS BEEINFLUSST DIES POSITIV (WÄHLE 5 AUS) UND NEGATIV (WÄHLE 5 AUS)?

- ☐ ☐ GEHALT
- ☐ ☐ ARBEITSPLATZBEDINGUNGEN
- ☐ ☐ SINNVOLLE ARBEIT
- ☐ ☐ UNTERNEHMENSVISION
- ☐ ☐ ZUGEHÖRIGKEIT
- ☐ ☐ PSYCHOLOGISCHE SICHERHEIT
- ☐ ☐ KOLLEGEN
- ☐ ☐ VORGESETZTER
- ☐ ☐ ROLLENKLARHEIT
- ☐ ☐ SELBSTVERWIRKLICHUNG
- ☐ ☐ WERTSCHÄTZUNG
- ☐ ☐ INTERNE KOMMUNIKATION
- ☐ ☐ PERSÖNLICHE ENTWICKLUNG
- ☐ ☐ AUTONOMIE
- ☐ ☐ FLEXIBILITÄT
- ☐ ☐ WORK-LIFE BALANCE

2) SAMMELT EURE ANTWORTEN (Z. B. AUF POST-ITS: 1 WORT PRO POST-IT). DISKUTIERT UND BRAINSTORMT DANN GEMEINSAM. VERWENDET DIE WIRKUNGSMATRIX, UM MAẞNAHMEN ZU ENTWICKELN.

WAS HAT EINEN POSITIVEN EINFLUSS AUF TEAM HAPPINESS? (TOP 3)	WIE KÖNNEN WIR DAS AUFRECHTERHALTEN?
WAS HAT EINEN NEGATIVEN EINFLUSS AUF TEAM HAPPINESS (TOP 3)	WIE KÖNNEN WIR DAS VERBESSERN?

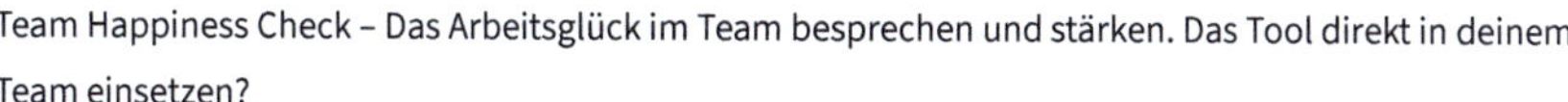
Team Happiness Check – Das Arbeitsglück im Team besprechen und stärken. Das Tool direkt in deinem Team einsetzen?

Downloade das Assessment aus der FLORITIVE-Toolbox über den folgenden QR-Code.

Wirkung und Aufwand

Die Wirkungsmatrix ist ein Werkzeug zur Entwicklung und Priorisierung von Maßnahmen. Sie bewertet die potenzielle Wirkung einer Maßnahme auf ein Ziel und ihre

Umsetzbarkeit. So hilft die Matrix, effektive Maßnahmen zu identifizieren und Ressourcen effizient einzusetzen. Im Rahmen des Team Happiness Checks kann die Matrix eine wertvolle Unterstützung bei der Maßnahmenfindung bieten.

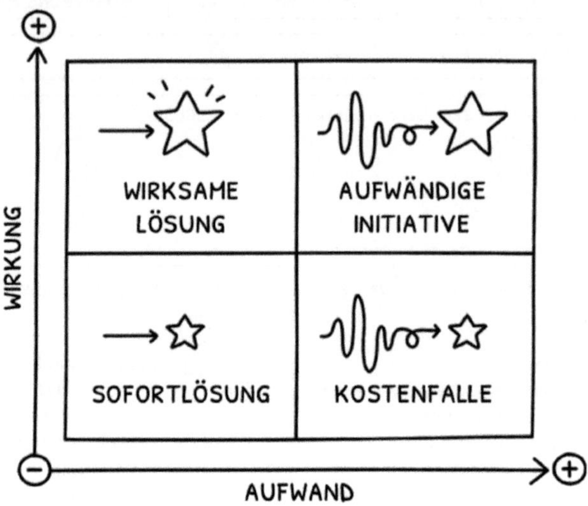

Wirkungsmatrix – Unterschiedliche Maßnahmen nach Wirkung und Aufwand

Vertrauen und Authentizität unter Kollegen sind wichtige Grundsätze für eine offene Gesprächskultur. Eine Führungskraft kann Offenheit auf verschiedene Weisen vorleben und dadurch ein vertrauensvolles und authentisches Arbeitsklima fördern. Dazu gehören:

- offenes Zeigen von Interesse an Feedback von Kollegen und Peers sowie aktive Aufforderung dazu
- klare Kommunikation über die finanzielle Lage des Unternehmens, die Roadmap für die Zukunft und die individuelle Rolle jedes Teammitglieds im Gesamtkontext
- Transparenz bezüglich Entscheidungsfindung und Entscheidungen, die die Mitarbeiter betreffen
- das Zeigen persönlicher Schwächen und die Bereitschaft, Fehler zuzugeben

Drei Fragen zur Förderung einer Vertrauenskultur durch interne Coaches an Philipp Aye, langjährige Führungskraft und interner Coach für neue Führungskräfte bei Robert Bosch

Die Unternehmenskultur bei Robert Bosch basiert auf den Werten des Gründers Robert Bosch: Gegenseitiger Respekt, Fairness, Offenheit, Vertrauen, Verantwortung und Lösungsorientierung bilden die Grundpfeiler. Auch in der

Führungskultur sind sie fest verankert. Ein Weg, Offenheit und Vertrauen in der Führungskräfteentwicklung zu fördern, ist der Einsatz interner Coaches.

1. **Wie werden die Werte Offenheit und Vertrauen durch interne Coaches gefördert?**

Je mehr wir über Vertrauen führen wollen, desto wichtiger wird es, Mitarbeiter in einer von Vertrauen und autonomem Arbeiten geprägten Umgebung zu entwickeln. Bei der Entwicklung von Führungskräften stellen interne Coaches eine wertvolle Ergänzung zu den sehr erfahrenen externen Coaches dar, indem sie eine gewisse »Innensicht« mitbringen. Das Wissen darüber, wie Bosch »tickt«, können nur Kollegen einbringen. Zudem haben interne Coaches oft die Phase, in der die neuen Führungskräfte momentan stecken, bereits zuvor durchlaufen oder sind sogar in ähnlicher Weise aktuell dabei, dies zu tun.

2. **Was hat dich dazu motiviert, die Rolle des internen Coachs für neue Führungskräfte bei Bosch zu übernehmen?**

Als Führungskraft bin ich tagtäglich Sparringspartner, Mentor und Coach. Je besser es gelingt, diese Führungsschwerpunkte wahrzunehmen, desto höher sind die Leistungsbereitschaft und der Wille, die berühmte Extrameile zu gehen. Desto mehr gelingt es, Mitarbeiter gleichermaßen zu fördern und zu fordern, und desto höher ist auch die Mitarbeiterzufriedenheit, das Klima und insgesamt die Performance. Die Rolle als interner Coach für neue Führungskräfte fördert diese wichtige Führungskompetenz, da man in kurzer Zeit mit 12 bis 15 zuvor unbekannten und individuellen Personen konfrontiert wird und zudem Feedback als Coach erhält. Auf diese Art und Weise erfolgt ein wertvoller Beitrag zum übergeordneten Fokusthema »Leading Others« (neben »Leading Myself« und »Leading my Business«).

3. **Inwiefern trägt das Coach-Sein zu deiner persönlichen Lernreise bei?**

Das Coach-Sein unterstützt meine Führungskompetenz. Es ist eine großartige Gelegenheit, mit jungen, talentierten Menschen ins Gespräch zu kommen und meine eigenen Beobachtungs- und Coachingfähigkeiten auszubauen. Mitarbeiterentwicklung darf sich nicht nur auf Fähigkeiten und Fertigkeiten beschränken, sondern benötigt die Kompetenz des sich selbst Hinterfragens, sprich des Coachings. Die Erfahrung ist sehr erfüllend – ich beende die Tage, an denen ich neue Führungskräfte gecoacht habe, reicher, als ich sie begonnen habe.

> *Mehr Informationen über die Führungskräfteentwicklung bei Robert Bosch findest du hier:* www.bosch.de/karriere/warum-bosch/deine-entwicklung (abgerufen am 12.02.2024)

8.3.2 Kultur der Dankbarkeit

Mehrere Studien haben die Beziehung zwischen Dankbarkeit und Glück am Arbeitsplatz untersucht und dabei einheitliche Ergebnisse erzielt. Dankbarkeit wurde als ein bedeutender Faktor identifiziert, der das Glück am Arbeitsplatz vorhersagt (Garg, 2022; Mahipalan, 2019; Son, 2015). Nicht nur das Empfangen von Dankbarkeit, sondern auch das Ausdrücken von Dankbarkeit erhöht das persönliche Glück am Arbeitsplatz; besonders dann, wenn du jemandem mitteilst, dass du dankbar bist und warum das so ist. Auch Anerkennungs- und Belohnungsprogrammen, die Dankbarkeit fördern, wurde nachgewiesen, das Arbeitsglück zu steigern (Siregar, 2023; Salazar, 2021).

Tipp: 3 Wege zur Förderung einer Dankbarkeitskultur

Weg 1: Selbstreflexion fördern

Ermutige die Mitarbeiter dazu, darüber nachzudenken, wofür sie dankbar sind. Integriere das zum Beispiel in das Teammeeting oder in Feedbackgespräche.

- Was schätze ich an meiner Arbeit?
- Wem bin ich dankbar für die Unterstützung?

Weg 2: Dankbarkeit vorleben

Zeige öffentlich Dankbarkeit.

- Sage häufiger einem Mitarbeiter oder Kollegen Danke.
- Schreibe persönliche Dankeskarten an Mitarbeiter und Kollegen.
- Verschicke Dankes-E-Mails an ein breiteres Publikum und an Stakeholder beim Erreichen eines Meilensteines oder beim Abschluss eines Projektes.

Weg 3: Dankbarkeit im Team fördern.

Integriere Dankbarkeit in die Teamkultur.

- Stelle eine »Dankeschön-Box« für positive Botschaften und Dankeschön-Zettel ins Büro und verteile ihren Inhalt einmal in Monat.
- Beginne Teammeetings mit einer Dankbarkeitsrunde: Wofür bist du dankbar? Wofür sind wir als Team gerade dankbar?

Business Case: Bonos – eine digitale Währung für mehr Motivation und Zusammenhalt

Das Unternehmen Bonos hat eine innovative Plattform entwickelt, die Unternehmen dabei unterstützt, die Anerkennung, Belohnung und Bindung ihrer Mitarbeiter zu stärken.

Unternehmensmission und Werte

Die Mission von Bonos ist es, in einer sich ständig wandelnden Arbeitswelt Wertschätzung und Zusammenhalt zu fördern. Die Plattform wurde geschaffen, um Themen wie Anerkennung und Bindung auch in hybriden Arbeitsumgebungen zu ermöglichen.

Bonos Belohnungsplattform

Die Hauptleistung von Bonos besteht in der Möglichkeit, Mitarbeiter mit einer digitalen Währung für sogenannte »Actions« zu belohnen, die sie für individuelle Benefits einlösen können. Diese Actions sind Tätigkeiten, Ereignisse oder Ziele, die Mitarbeiter neben ihren Regeltätigkeiten ausführen, wie zum Beispiel: die Übernahme der Mentorenrolle für neue Kollegen, das Werben neuer Mitarbeiter, das Zurücklegen des Arbeitswegs mit dem Rad, das Abschließen eines Trainings oder die Übernahme der Rolle des freiwilligen Ersthelfers. Als individuelle Benefits sind in der Bonos-Plattform unter anderem steuerfreie Zuschüsse (wie Gesundheitsförderung, Erholungsbeihilfe, Rabattfreibetrag für Eigenprodukte, Weiterbildung, Kinderbetreuungskosten) integriert. Die Plattform stärkt die Bindung zwischen dem Unternehmen und den Mitarbeitern, fördert zusätzliche Leistungen und hebt das Wir-Gefühl innerhalb des Unternehmens hervor. Durch diese innovative Lösung trägt Bonos aktiv zur Dankbarkeitskultur bei.

Kundenstimmen

Ein mittelständisches bayrisches Unternehmen aus der Branche erneuerbarer Energien setzt Bonos erfolgreich ein, um nicht nur berufliche, sondern auch private Aspekte zu belohnen. Durch die Belohnung eines Bewegungsziels von 10.000 Schritten am Tag fördert das Unternehmen die Gesundheit der Mitarbeiter, beeinflusst Fehlzeiten positiv und stärkt die Wertschätzung über den beruflichen Kontext hinaus. Mitarbeiter können ihre Belohnungen auch im privaten Umfeld nutzen, was zum ganzheitlichen Wohlbefinden beiträgt.

Ein Großunternehmen aus dem Bereich der Landmaschinenherstellung, das mit Parkplatzproblemen zu kämpfen hatte, fand in Bonos eine Lösung. Die Belohnung von Fahrgemeinschaften und nachhaltigen Berufswegen wie Rad, Fuß und ÖPNV führte zu einer Motivation, den PKW, wenn möglich zu Hause zu lassen und auf andere Optionen zurückzugreifen. Die Anerkennung des Umstiegs auf alternative Verkehrsmittel steigerte nicht nur die Mitarbeiterzufriedenheit, sondern optimierte auch die Parkplatzauslastung im Unternehmen und in der Nachbarschaft.

Mehr Informationen? www.bonos.io (abgerufen am 14.02.2024)

Dieser Beitrag ist in Zusammenarbeit mit Florian Sager, Product Owner von bonos.io, entstanden. Wenn du mehr über die Möglichkeiten der Plattform für dein Unternehmen erfahren möchtest, nimm gerne Kontakt mit Florian auf LinkedIn auf.

8.4 Pfeiler 3: Leistung positiv fördern

Der dritte Pfeiler der positiven Führung konzentriert sich darauf, Einzelpersonen und Teams dabei zu helfen, ihr Potenzial auszuschöpfen und bei der Arbeit aufzublühen, mehr Energie zu erfahren und ein höheres Maß an Effektivität zu erreichen. Dabei spielen verschiedene Aspekte eine zentrale Rolle, wie z. B. ein stärkebasierter Ansatz, das Eröffnen von Mitgestaltungsfreiheit, das Fördern eines Growth Mindset sowie das Feiern und Evaluieren von Erfolgen und Misserfolgen. All diese Aspekte tragen zu einem Gefühl der Selbstverwirklichung bei.

8.4.1 Fokus auf persönliche Stärken

Menschen, die in vielen Bereichen breit aufgestellt sind, gelten häufig als kompetent. In Bezug auf Talente und Stärken wird dies auch häufig so gesehen. Paradoxerweise sind diejenigen, die danach streben, in allen Bereichen kompetent zu sein (oder ein »rundes Profil« anstreben), häufig die am wenigsten effektiven Mitarbeitern. Warum das so ist? Ganz einfach – weil das Potenzial eines Menschen nicht völlig ausgeschöpft wird, wenn er versucht, in allen Bereichen sehr gut zu sein.

Das größte Potenzial liegt in einem Fokus auf Talente

Die Positive Führung setzt auf einen Paradigmenwechsel, indem der Fokus verstärkt auf persönliche Stärken anstelle von Schwächen gelegt wird. Beim Ansatz bei der Stärke der Person ist die Ausgangssituation die Art und Weise, wie wir von Natur aus an Sachen herangehen – das angeborene Talent zu Denken, Fühlen oder Handeln; zum Beispiel die Fähigkeit, mühelos und instinktiv Gespräche beginnen zu können, stets geordnet zu denken oder Muster in Daten erkennen zu können.

Vom Talent zur Stärke

Eine Stärke ist ein entwickeltes Talent. Wenn du dich bewusst auf ein Talent fokussierst und es förderst, hat es die Möglichkeit, sich zu einer Stärke zu entwickeln. Dabei helfen zum Beispiel Zeit, neue Herausforderungen, Coaching, Training und die Entwicklung von Fähigkeiten und Wissen.

Verschiedene Studien bestätigen, dass Menschen, die jeden Tag ihre Stärken nutzen unter anderem mehr positive als negative Interaktionen mit ihren Kollegen haben, täglich mehr erreichen, kreativer und innovativer sind und insgesamt engagierter und glücklicher sind (Rath, 2007).

Tipp: Wie lassen sich Talente identifizieren?

Talente lassen sich in verschiedenen Situationen erkennen, die auf ihre Präsenz hinweisen. Hier sind einige Anzeichen, die darauf hindeuten können, dass Talente im Spiel sind:

- schnelles Lernen: Fähigkeiten, die schnell und ohne viel Anstrengung erlernt und gemeistert werden;
- Flow-Erlebnisse: Aktivitäten bei denen man vollständig in eine Tätigkeit vertieft ist und das Zeitgefühl verschwindet;
- beständiges Interesse: Aktivitäten, zu denen man sich intuitiv hingezogen fühlt und die über einen längeren Zeitraum ein starkes Interesse erzeugen;
- mühelose Exzellenz: Aufgaben, die mit Leichtigkeit und hoher Qualität bewältigt werden;
- Leidenschaft: Handlungen, die einen »Kick« verleihen und auf die man sich immer wieder freut.

Werkzeug: Talent Assessment

Talent Assessments helfen dabei, Talente zu identifizieren. Das Clifton Strengths Assessment von Gallup beispielsweise, ist ein Instrument zur Identifizierung und Entwicklung individueller Talente. Indem es auf 34 validierten Talentthemen basiert, bietet es einen Einblick in die natürlich wiederkehrenden Muster von Gedanken, Gefühlen oder Verhalten einer Person. Durch das Verständnis und die Förderung dieser Talente hilft es Menschen, ihr volles Potenzial zu entfalten und sowohl persönliche als auch berufliche Stärken zu entwickeln. Mehr Informationen findest du hier: www.gallup.com/cliftonstrengths (abgerufen am 14.02.2024).

8.4.2 Leistungsreflexion und Growth Mindset

Selbstverwirklichung in der Arbeit bedeutet neben der Möglichkeit, täglich die individuellen Stärken einzusetzen, auch persönliche Ziele zu erreichen und sich kontinuierlich weiterentwickeln zu können.

Ein Schlüssel zur positiven Förderung von Leistung besteht in der regelmäßigen Reflexion von individuellen und teambasierten Leistungen, sei es Erfolg oder Misserfolg. Die Führungskraft spielt dabei eine entscheidende Rolle. Es geht nicht nur darum, ehrgeizige Ziele zu setzen, sondern auch sicherzustellen, dass (Teil-)Ziele kritisch reflektiert werden und Mitarbeiter Erfolge erleben können. Die Führungskraft soll zur regelmäßigen Überprüfung von Zielen ermutigen, um den Fortschritt zu messen und notwendige Anpassungen vorzunehmen. Ein konstruktiver Blick auf den Weg zu dem Ergebnis, die Identifikation von Lernmöglichkeiten aus Misserfolgen und die Anerkennung von Erfolgen fördern ein »Growth Mindset«.

Growth Mindset vs. fixed Mindset

Ein Growth Mindset (Wachstumsmentalität) bezieht sich auf die Überzeugung, dass die eigenen Fähigkeiten, die Intelligenz und die Talente entwickelbar sind und sich durch Hingabe, Lernen und Ausdauer verändern und verbessern lassen (Berg et al, 2022).

Im Gegensatz dazu steht ein fixed Mindset (festes Denkmuster), bei dem Menschen dazu neigen, ihre Fähigkeiten als in Stein gemeißelt zu betrachten, ohne viel Raum für Veränderungen oder Verbesserungen zu sehen (Dweck, 2003).

Die Art und Weise, wie Menschen ihre Fähigkeiten betrachten, hat einen erheblichen Einfluss auf ihre Lernbereitschaft, ihre Einstellung zu Herausforderungen und letztendlich ihren Erfolg. Die Ausprägung eines Growth Mindset wirkt sich insgesamt positiv auf die Lebens- und Arbeitszufriedenheit aus, insbesondere in stressigen Situationen (Kondratowicz, 2022).

Tipp: Growth Mindset im Team fördern

Diese fünf Ideen helfen dabei, ein Growth Mindset im Team zu fördern:

- Lebe ein Growth Mindset vor, indem du deine eigenen Fehler, Herausforderungen, Misserfolge und Lernprozesse transparent teilst.
- Achte bei der zwischenseitlichen Evaluation eines Projektes oder in einer Retrospektive auf das positive Teilergebnis. Statt: »Warum ist das Projekt nicht zu 100 Prozent fertig?«, sage: »Gut, dass wir bisher 80 Prozent geschafft haben.«
- Siehe Fehler als Lernmöglichkeiten und betone dies in kritischen Gesprächen. Statt: »Das ist nicht gut gelaufen«, sage: »Aus Fehlern kann man lernen. Was haben wir/hast du gelernt?«
- Motiviere Mitarbeiter außerhalb ihrer Komfortzone. Statt: »Das hast du noch nicht gemacht, deswegen ist es zu schwierig«, gib den Mitarbeitern die Verantwortung und ermögliche Autonomie.
- Gib wachstumsorientiertes Feedback nach dem Highlights-Keeps-Ideas-Prinzip: Betone zunächst die Highlights, die positiven Erfolge und Leistungen. Identifiziere anschließend, was beibehalten werden sollte – die »Keeps«. Teile schließlich konstruktive Ideen und Vorschläge als »Ideas«, um Raum für kontinuierliche Verbesserung und kreative Ansätze zu schaffen.

9 Einflussbereich 3: PEOPLE – Superkraft für Unternehmensglück: Positive soziale Beziehungen

Baue positive Beziehungen im Unternehmen auf, sei ein Teamplayer und pflege eine wohlwollende, offene und konstruktive Kommunikation mit positiver Feedbackkultur. Sprich Themen offen an und lege Wert auf ein klares Erwartungsmanagement (das ist keine Einbahnstraße ;-)). Übernimm Verantwortung, denn nur so kannst du aktiv dein Arbeitsumfeld und damit deinen Wohlfühlfaktor positiv beeinflussen. Unterstütze andere, denn das fördert die Gemeinschaft und gibt dir ein gutes Gefühl. Gib auf dich acht und schaffe eine gute Balance zwischen Arbeit und Privatleben. Und nicht zuletzt sollte ein Lächeln und eine Prise Humor nie fehlen.

Kiki Radicke, Head of People&Culture, Adacor Hosting GmbH

In den beiden vorhergehenden Kapiteln haben wir zwei Einflussbereiche für mehr Glück bei der Arbeit besprochen – den persönlichen Kontext und den Führungskontext. In diesem Kapitel steht der soziale Kontext oder alle zwischenmenschlichen Beziehungen im Unternehmen im Vordergrund.

In der längsten und umfassendsten Langzeitstudie zum menschlichen Leben erforschten Wissenschaftler, wie verschiedene Lebensentscheidungen, darunter Beziehungen und soziale Bindungen, die Gesundheit und das Glück im Laufe der Zeit beeinflussen. Das Ergebnis war eindeutig: Positive und tiefe soziale Verbindungen führen zu mehr Gesundheit und Glück (Waldinger&Schulz, 2023). Die Ergebnisse betonen die Bedeutung von engen und unterstützenden zwischenmenschlichen Beziehungen für ein erfülltes Leben.

DIE VORTEILE POSITIVER SOZIALER VERBINDUNGEN

LÄNGERE LEBENSDAUER

HÖHERE IMMUNITÄT

WENIGER ANGST & DEPRESSION

BESSERE FÄHIGKEITEN ZUR EMOTIONSREGULIERUNG

ZUNAHME DES LEBENSGLÜCKS

HÖHERES SELBSTWERTGEFÜHL UND EMPATHIE

Die Effekte von positiven sozialen Verbindungen

3-to-1 Positivity Ratio

Auch in Unternehmen sind soziale Beziehungen ein Schlüsselfaktor, die das Glück am Arbeitsplatz bestimmen. Dabei kann die »3-to-1 Positivity Ratio« von Barbara Fredrickson (2009, 2002) ein wichtiger Leitfaden sein. In ihrer Emotionsforschung fand Fredrickson heraus, dass für eine gute Stimmung am Arbeitsplatz drei positive Erlebnisse pro einem negativen erforderlich sind. Wenn wir das auf die sozialen Beziehungen in der Arbeit anwenden, bedeutet das, dass es wichtig ist, eine positive und unterstützende Atmosphäre zu schaffen. Dabei geht es nicht darum, nichts oder wenig Negatives zu erleben, sondern aktiv Positives zu fördern, wie beispielsweise Lob auszusprechen, positive Erlebnisse zu teilen, konstruktives Feedback zu geben, sich gegenseitig anzuerkennen oder einfach freundlicher miteinander umzugehen. Dadurch fühlen sich die Kollegen mehr miteinander verbunden und glücklicher.

Das Investieren in positive soziale Verbindungen am Arbeitsplatz ist also entscheidend für das Arbeitsglück. In diesem Kapitel werden die Faktoren beschrieben, welche die Beziehungen am Arbeitsplatz positiv prägen, nämlich die psychologische Sicherheit, Diversität und Inklusion, Teamspirit und positive Kommunikation.

9.1 Psychologische Sicherheit

9.1.1 Vertrauenskultur vs. Angstkultur

Psychologische Sicherheit bezieht sich auf die Überzeugung von Individuen in einem Team, dass das Arbeitsumfeld vor zwischenmenschlichen Risiken sicher ist – mit anderen Worten, dass es geschätzt wird, wenn man Ideen, Fragen, Bedenken oder Fehler äußert (Edmondson, 2018, 1999). In einem psychologisch sicheren Umfeld fühlen sich die Mitglieder einer Gruppe akzeptiert und respektiert. Es herrscht Vertrauen (Mitterer, 2023). Das trägt dazu bei, dass sie sich stärker engagieren, innovativ denken, Risiken eingehen und konstruktiv zur Gruppenleistung beitragen (Irma, 2023). Psychologische Sicherheit spielt eine entscheidende Rolle bei der Förderung von Zusammenarbeit und einem positiven Arbeitsklima.

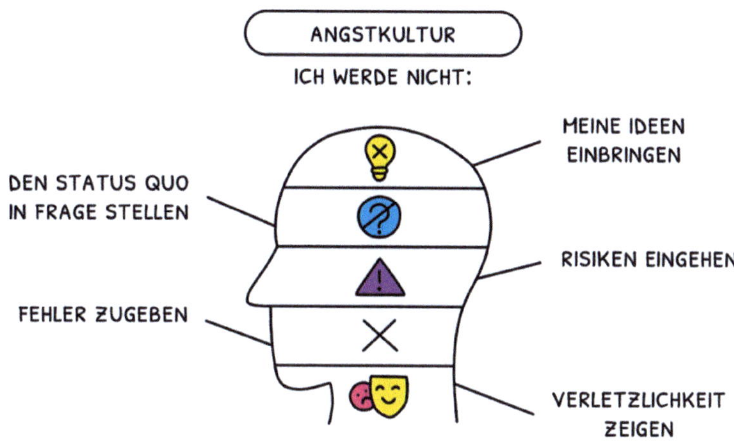

Wie eine Unternehmenskultur geprägt von Angst aussieht

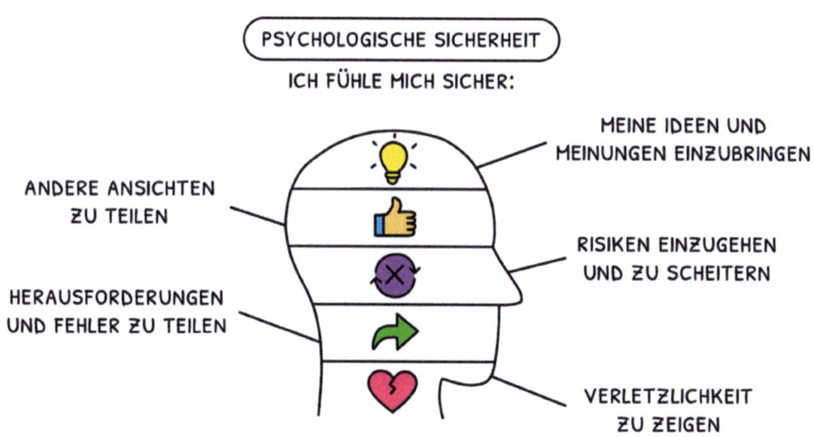

Wie eine Unternehmenskultur geprägt von psychologischer Sicherheit aussieht

Das Gegenteil einer positiven, auf psychologischer Sicherheit basierenden Organisationskultur ist eine Angstkultur. In einer Angstkultur wird die Atmosphäre von Unsicherheit und Furcht dominiert. Mitarbeiter fürchten negative Konsequenzen wie Kritik,

Degradierung oder sogar den Verlust ihres Arbeitsplatzes, wenn sie sich offen äußern, Bedenken haben oder innovative Ideen vorschlagen. Diese Umgebung schränkt die Offenheit in der Kommunikation erheblich ein. In einer Angstkultur herrscht oft ein Mangel an Transparenz und konstruktiver Kritik. Die Angst vor Fehlern und Sanktionen hemmt das kreative Denken und die innovativen Lösungsansätze. Das Vertrauen zwischen Mitarbeitern und Führungskräften ist gering, und die allgemeine Motivation sowie das Wohlbefinden leiden unter dieser negativen Atmosphäre.

Eine wichtige Rolle für das Erfahren von psychologischer Sicherheit spielt die Führungskraft. Sie muss aufmerksam die Sicherheit im Team befördern – und daran arbeiten, eine Kultur zu schaffen, in der sich Menschen angstfrei äußern und angstfrei handeln können. Aktuelle Studien bestätigen, dass die psychologische Sicherheit, wenn sie von der Führungskraft vorgelebt und vermittelt wird, sich auf das Wohlbefinden und Arbeitsglück der Einzelnen im Team positiv auswirkt (Khalijian et al 2018, Aboramadan, 2023).

Tipp: Psychologische Sicherheit im Team fördern

Fünf Ideen für Führungskräfte und Teams, um psychologische Sicherheit im Team zu fördern:

- Sprich offen über eigene Fehler, Unsicherheiten und Lernerfahrungen und frage auch aktiv bei Kollegen nach.
- Plane regelmäßige Retrospektiven, um Erfolge, Herausforderungen und Verbesserungsmöglichkeiten zu besprechen. Schaffe Zeit für das Teilen von Lernerfahrungen.
- Beginne Teammeetings mit einem kurzen Emotions-Check-in, bei dem jeder im Team seine derzeitige Stimmung mitteilen kann.
- Vermeide Schuldzuweisungen und stelle stattdessen Fragen wie: Welche Ideen hast du? Was übersehen wir hier? Wie können wir es besser machen? Wie können wir die Situation verändern?
- Führe kollegiale Beratung ein, um Teammitgliedern die Gelegenheit zu geben, offen über ihre Unsicherheiten, Ängste oder Bedenken zu sprechen und gemeinsame Lösungen zu finden.

9.1.2 Kollegiale Beratung

Eine wirkungsvolle Methode zur Problemlösung in Arbeitsfragen und gleichzeitig zur Förderung von psychologischer Sicherheit besteht darin, dass gleichgestellte Kollegen (Peers) sich gegenseitig zu spezifischen Problemstellungen beraten. Im Austausch mit Kollegen reflektieren die Beteiligten ihre Situation aus verschiedenen Blickwinkeln. Derjenige, der den Fall vorstellt, profitiert nicht nur von unterschiedlichen Perspektiven, sondern erhält auch konkrete Lösungsvorschläge für sein Problem.

Die Peer-Beratung hat positive Auswirkungen auf die psychologische Sicherheit im Team. Der Fallgeber wird motiviert und aufbauend unterstützt, da er erlebt, dass sein Anliegen ernst genommen wird und eine Lösungsorientierung im Team vorhanden ist.

Die Offenheit, mit der Kollegen ihre Herausforderungen teilen können, fördert zudem das Klima der psychologischen Sicherheit. Teammitglieder fühlen sich ermutigt, ihre Anliegen zu äußern, ohne Angst vor negativen Konsequenzen haben zu müssen.

Darüber hinaus trägt die Methode zur Förderung eines strukturellen Erfahrungsaustauschs bei. Die Teammitglieder können von den unterschiedlichen Herangehensweisen und Lösungsansätzen ihrer Kollegen profitieren. Dieser informelle Wissensaustausch kann wiederum die Innovationskraft im Team stärken, da er alternative Wege und kreative Lösungen aufzeigt.

Die Phasen der kollegialen Beratung

Praktisches Werkzeug: Sieben Schritte der kollegialen Beratung
Wie funktioniert kollegiale Beratung in der Praxis? Eine kollegiale Beratung dauert in der Regel etwa 45 Minuten in einer Gruppengröße von 5–7 Kollegen. Idealerweise nehmen Mitarbeiter aus derselben Hierarchieebene teil, und die Beratung findet teamübergreifend statt.

Die sieben Schritten einer kollegialen Beratung sind:

Schritt 1: Rollenverteilung (5 Minuten)

- Moderator: eine Person, die auf die Zeit achtet, die Kernfrage im Blick behält und die Gruppe durch die verschiedenen Phasen führt;
- Fallgeber: eine Person mit einer konkreten Problemfragestellung;
- Berater: die übrigen Kollegen.

Schritt 2: Falldarstellung (5 Minuten)
Der Fallgeber stellt die Problemfragestellung vor. Er/Sie erläutert den Sachverhalt, gibt Hintergrundinformationen. Die Berater hören zu.

Schritt 3: Zielformulierung (5 Minuten)
Der Fallgeber formuliert die Kernfrage, z. B. »Was kann ich …?« oder »Wie kann ich …?«

Schritt 4: Rückfragen aus der Gruppe (10 Minuten)
Die Berater dürfen Verständnisfragen stellen.

Schritt 5: Beratung, Hypothesenbildung, Perspektivenwechsel (10 bis 15 Minuten)
Die Berater geben nacheinander Ratschläge und Lösungsvorschläge. Erfahrungswerte werden ausgetauscht und Lösungswege definiert. Der Moderator achtet darauf, dass jeder Beobachter Input liefert.

Schritt 6: Feedback vom Fallgeber (5 Minuten)
Der Fallgeber gibt Feedback zu den Lösungsvorschlägen. Was ist machbar? Wo sieht der Fallgeber mögliche Risiken?

Schritt 7: Lösungsoptionen (5 Minuten)
Der Fallgeber wählt einen der Lösungsvorschläge aus.

Downloade das Handout zur kollegialen Beratung in der FLORITIVE Toolbox.

9.2 Diversität & Inklusion

In vielen Organisationen steht gerade »DEI« – die Abkürzung steht für Diversity, Equity, Inclusion – hoch im Kurs. DEI bedeutet mehr, als nur eine vielfältige Belegschaft für das Unternehmen zu gewinnen. Es geht auch darum, eine Umgebung zu schaffen, in der jeder die gleiche Chance hat, gehört zu werden, sich aktiv einzubringen und erfolgreich zu sein. Das trägt entscheidend dazu bei, positive soziale Verbindungen zu fördern, indem ein respektvoller und wertschätzender Umgang miteinander gefördert wird und Vorurteile sowie Diskriminierung abgebaut werden. Dadurch, dass jeder authentisch sein kann, wird das individuelle Wohlbefinden und das Gemeinschaftsgefühl gestärkt und es werden positive zwischenmenschliche Beziehungen gefördert.

9.2.1 Diversität

Diversität bezieht sich auf die Vielfalt von Merkmalen, Eigenschaften und Perspektiven innerhalb einer Gruppe, einer Organisation oder der Gesellschaft. Diese Merkmale umfassen unterschiedliche Dimensionen:

- *beziehungsorientiert*: wie wir Beziehungen gestalten und erfahren (Familienstatus, Generation, sexuelle Orientierung, Elternstatus)

- *berufsbezogen*: wie wir arbeiten und was wir tun (Arbeitsstil, Funktion, Abteilung, Branche, Fähigkeiten, Talente, Arbeitserfahrung)
- *gesellschaftlich*: wie wir uns mit der Gesellschaft verbinden und in Beziehung setzen (Ausbildung, Nationalität, Location, Sprache, Politische Ausrichtung, Soziale Klasse)
- *kognitiv*: wie wir denken und Informationen verarbeiten (Kommunikationsstil, emotionale Intelligenz, persönlicher Stil, IQ, mentale Fähigkeiten, Denkprozesse, Lernstil)
- *körperlich*: wer wir sind und was andere denken, dass sie sehen (Alter, Gender, Gesundheit, Herkunft, Geschlecht)
- *Werte*: was wir glauben und fühlen (Überzeugungen, Einstellung, Moral, Religion, Kultur)

Diversität in Unternehmen ist die Anerkennung und die Akzeptanz von Unterschieden zwischen Menschen und die Vielfalt in Teams.

Fünf Fragen zu Neurodiversität und Positiver Psychologie an Timo Lorenz, Juniorprofessor für Arbeits- und Organisationspsychologie an der MSB Medical School in Berlin.

1. **Welche Definition für Neurodiversität verwendest du am liebsten?**

Aus meiner Sicht ist Neurodiversität ein Begriff, der die Idee beschreibt, dass die neurologische Vielfalt in der menschlichen Bevölkerung als normal angesehen werden sollte. Er betont, dass Unterschiede in der Neurologie, wie beispielsweise Autismus, ADHS, Dyslexie und andere neurologische Variationen, nicht als Störungen betrachtet werden sollten, sondern als natürliche Ausdrucksformen der menschlichen Vielfalt.

2. **Wie kam es zu deiner Begeisterung für die Verbindung von Neurodiversität und Positiver Psychologie?**

Während meines Studiums führte ich Interviews mit Menschen aus dem Autismusspektrum. Ihre Schwierigkeiten, geeignete berufliche Chancen zu finden, trotz einzigartiger Fähigkeiten, ließen mich über die Unterbewertung ihrer Stärken nachdenken. Die Positive Psychologie, die das Wohlbefinden und die persönlichen Stärken fördert, setzt hier an. Sie bietet Tools zur Entwicklung psychologischer Ressourcen und individuellen Wachstums und kann marginalisierten Gruppen, einschließlich neurodivergenten Personen, helfen. Die Positive Psychologie schafft ein Umfeld, in dem Menschen, unabhängig von ihrer neurologischen Diversität, ihr Potenzial voll entfalten können. Dies kommt nicht nur

Einzelpersonen zugute, sondern auch Organisationen, die von einer diversen Belegschaft profitieren.

3. **Auf welche möglichen Barrieren können neurodiverse Mitarbeiter in ihrer Employee Journey stoßen? Und warum bietet die Positive Psychologie eine Chance, diese Barrieren zu überwinden?**

Neurodivergente Menschen können in verschiedenen Phasen ihrer »Employee Journey« auf Barrieren stoßen, die sich von der Rekrutierung bis zum Offboarding erstrecken.

In der Rekrutierungs- und Bewerbungsphase können neurodivergente Menschen Schwierigkeiten haben, sich in traditionellen Bewerbungsgesprächen oder -tests zu präsentieren. Sie könnten auch auf Vorurteile, mangelndes Verständnis oder für sie nicht geeignete Testverfahren seitens der Organisation stoßen. Organisationen könnten hier prüfen, wie Bewerbungsprozesse angepasst werden können.

Beim Onboarding kann ein reibungsloser Übergang in das Unternehmen für neurodivergente Menschen eine Herausforderung darstellen. Neue Umgebungen, soziale Interaktionen und Arbeitsabläufe können Überforderung verursachen. Durch eine gezielte Unterstützung, wie beispielsweise Mentoring oder angepasste Einführungsprogramme, können diese Menschen besser in das Unternehmen integriert werden.

In der Arbeitsumgebung und bei der Teamdynamik könnten neurodivergente Menschen Schwierigkeiten haben, sich in unstrukturierten oder lauten Umgebungen zurechtzufinden. Missverständnisse in der Kommunikation sind ebenfalls möglich. Organisationen können hier Schulungen zur Sensibilisierung anbieten, die die Teamdynamik verbessern und Verständnis für die Bedürfnisse aller Teammitglieder schaffen.

In Bezug auf die Karriereentwicklung könnten neurodivergente Menschen übersehen werden oder Schwierigkeiten haben, sich beruflich weiterzuentwickeln. Auch an diesem Punkt kann eine sauberere Diagnostik oder Unterstützung durch Mentoring eine große Hilfe sein.

Beim Offboarding könnten neurodivergente Menschen mit Unsicherheit oder Stress konfrontiert sein, insbesondere wenn Unterstützung und Anpassungen in der Arbeitsumgebung fehlen. Arbeitgeber können auf eine positive und unterstützende Trennungskultur setzen, die die Würde und das Wohlbefinden auch beim Ausscheiden aus dem Unternehmen bewahrt.

4. **Welche Auswirkungen kann die Berücksichtigung der Bedürfnisse von neurodiversen Mitarbeitern auf die Teamdynamik und die Leistung in Organisationen haben?**

Die Integration von neurodivergenten Menschen in Organisationen kann positive Auswirkungen haben. Ihre einzigartigen Perspektiven und Herangehensweisen bereichern die Teamarbeit und fördern die Innovation. Die Sensibilisierung für ihre Bedürfnisse verbessert die Kommunikation, reduziert Missverständnisse und stärkt den Teamgeist.

Die Inklusion von neurodivergenten Personen steigert die Mitarbeiterbindung und die Zufriedenheit, da individuelle Bedürfnisse berücksichtigt werden. Dies optimiert die Teamleistung und trägt zur Reduzierung von Vorurteilen und Diskriminierung bei, was eine gerechtere Arbeitsumgebung schafft.

Organisationen, die Vielfalt und Inklusion fördern, werden oft positiv wahrgenommen, was die Anziehungskraft auf Talente und das Kundenvertrauen steigert. Außerdem erfüllt die Berücksichtigung von neurodivergenten Bedürfnissen in vielen Fällen rechtliche Anforderungen und Vorschriften. Dies schafft nicht nur eine inklusive Umgebung, sondern bringt auch Vorteile für das gesamte Team und die Organisation.

5. **Welche konkreten Tipps hast du für Unternehmen, die Diversität als Teil ihrer Unternehmenskultur nachhaltig fördern wollen?**

Um Diversität nachhaltig in der Unternehmenskultur zu fördern, sollten Unternehmen einige Schlüsselschritte befolgen. Zunächst ist eine Bestandsaufnahme notwendig, bei der Daten zur Diversität erfasst und analysiert werden. Dann sollten klare, messbare Diversitätsziele in die Unternehmensstrategie integriert werden.

Eine inklusive Unternehmenskultur ist entscheidend und erfordert Schulungen zur Sensibilisierung für Vielfalt und Inklusion. Die Rekrutierungsstrategie sollte überarbeitet werden, um einen breiteren Kandidatenpool zu erreichen, beispielsweise durch geschlechtsneutrale und inklusive Stellenausschreibungen.

Mentoringprogramme zur Unterstützung von Minderheiten und unterrepräsentierten Gruppen sind wichtig, ebenso wie Chancengleichheit für alle Mitarbeiter bei Aufstiegs- und Beförderungsmöglichkeiten. Die regelmäßige Bewertung des Fortschritts ermöglicht gezielte Verbesserungen und Anpassungen der Strategie.

Schließlich sollten Unternehmen regelmäßig Diversitätskennzahlen und Erfolge veröffentlichen, um die Transparenz und die Verantwortlichkeit zu erhöhen. Die konsequente Umsetzung dieser Maßnahmen fördert eine vielfältigere und inklusivere Arbeitsumgebung, die langfristig positive Auswirkungen auf die Teamdynamik, Leistung und den Gesamterfolg des Unternehmens hat.

Hast du noch Fragen oder möchtest du mehr über die aktuellen Studien von Timo erfahren? Kontaktiere ihn gerne auf LinkedIn.

9.2.2 Inklusion

Inklusion bezieht sich darauf, wie vielfältige Gruppen oder Individuen in einer Gemeinschaft, in einer Organisation oder in der Gesellschaft aktiv einbezogen, respektiert und unterstützt werden. Die Inklusion in Unternehmen zielt darauf ab, sicherzustellen, dass alle – in ihrer Unterschiedlichkeit – gleichberechtigt sind und erfolgreich sein können. Das zu verwirklichen, liegt in der Verantwortung aller.

Tipp: Fünf Ideen, um inklusives Verhalten am Arbeitsplatz vorzuleben und zu fördern

1. Sorge dafür, dass jedes Teammitglied über die notwendigen Arbeitsmittel verfügt, um optimal zu funktionieren, und dass niemand benachteiligt wird. Berücksichtige dabei individuelle Bedürfnisse und Wünsche, um den Arbeitsplatz bestmöglich zu gestalten.
2. Setze für Meetings klare Regeln, die offene Kommunikation fördern und Diskriminierung vermeiden. Berücksichtige diverse Meinungen in Entscheidungsprozessen.
3. Suche aktiv nach neuen Perspektiven und Ideen. Hol dir Input von allen Teammitgliedern ein, besonders von den ruhigeren. Teile im Voraus die Themen mit und ermögliche verschiedene Beitragsmöglichkeiten.
4. Bemühe dich, Zeit mit verschiedenen Personen zu verbringen, anstatt dich nur denjenigen zuzuwenden, zu denen du tendierst.
5. Plane sowohl formelle als auch informelle soziale Aktivitäten so, dass sie für alle zugänglich sind. Variiere Orte und Aktivitäten, um sicherzustellen, dass niemand ausgeschlossen wird.

Inklusionsskala: Fünf typische Reaktionen

Auf Personen, die andere Eigenschaften und Perspektiven haben, gibt es bei der Zusammenarbeit fünf typische Reaktionen. Diese Reaktionen können auf folgender Inklusionsskala geordnet werden (Korn Ferry, 2023):

1. **Wertschätzung** – Du schätzt und nutzt die Unterschiede dieser Menschen. Du suchst aktiv nach Möglichkeiten und bist neugierig darauf, mehr über ihre einzigartigen Erfahrungen und Perspektiven zu erfahren.

2. **Akzeptanz** – Du erkennst und akzeptierst sowohl Gemeinsamkeiten als auch Unterschiede an. Obwohl du gerne Zeit mit ihnen verbringst, konzentrierst du dich auf die Dinge, die ihr gemeinsam habt.
3. **Toleranz** – Du fühlst dich leicht unwohl in Anwesenheit von diesen Menschen mit Unterschieden. Du bist der Meinung, dass sie respektvoll behandelt werden sollten, ziehst es jedoch vor, nicht viel mit ihnen zu interagieren.
4. **Vermeidung** – Du fühlst dich sehr unwohl in der Nähe von Menschen mit diesen Unterschieden. Du versuchst, ihnen aus dem Weg zu gehen, und möchtest nicht mit ihnen arbeiten.
5. **Abstoßung** – Du bist fest davon überzeugt, dass diese Menschen auf nicht normale Weise anders sind und nicht an deinen Arbeitsplatz gehören.

Selbstreflexion: Die Inklusionsskala verwenden

Denke an eine Person, mit der die Zusammenarbeit herausfordernd ist:

- Wo würdest du sie auf der Inklusionsskala sehen?
- Wie könnte sich das auf das Geschäft auswirken?
- Was kannst du aktiv dagegen tun?

Business Case: Peaches – Fertility Benefits für Wow-Momente im Job und bei der Mitarbeiterbindung

Peaches, ein aufstrebendes HR-Start-up, im Jahr 2022 gegründet, hat sich zum Ziel gesetzt, Unternehmen dabei zu unterstützen, ihren Frauenanteil zu erhöhen und die Mitarbeiterbindung durch innovative »Fertility Benefits« zu stärken.

Unternehmensmission und Werte

Die Mission von Peaches ist klar und ambitioniert: die Transformation von Unternehmen zu frauen- und familienfreundlichen Arbeitgebern. In einer Zeit, in der 85 Prozent der Frauen sagen, dass sie ein Unternehmen verlassen würden, wenn es nicht familienfreundlich wäre, setzt Peaches auf die Unterstützung von Arbeitgebern, ihre Mitarbeiterinnen in den wichtigsten Lebensphasen von Kinderwunsch, Schwangerschaft, Rückkehr in den Job und Menopause zu unterstützen.

Das Ziel: Unternehmen sollen klarmachen, dass Familie *und* Karriere bei ihnen möglich ist und *offensiv* und *offiziell* unterstützt wird. Mit Peaches setzen sie ein klares Statement, dass sie ihre Mitarbeiterinnen auch in herausfordernden Zeiten unterstützen und keine Tabuthemen unausgesprochen lassen.

Fertility-Benefits-Angebot
Peaches Fertility Benefits sind ein umfassendes Angebot zu Themen wie Female Health, Kinderwunsch, Fehlgeburt, Schwangerschaft, Geburt, Elternzeit und Menopause. Den Kern des Angebots bildet ein Partner-Account mit einem umfangreichen Angebot an Onlinekursen (im Account sind mehr als 1.000 Videotutorials verfügbar) und Zugang zu mehr als 25 Kinderwunsch-, Schwangerschafts- und Geburtskursen. Zudem werden Elterncoachings, Live-Sprechstunden mit renommierten Ärztinnen und Experten sowie Unterstützung bei Adoptionsverfahren und der Suche nach Kinderwunschkliniken angeboten. Dieser Ansatz, aus den USA, UK und Skandinavien kommend, hat sich als erfolgreiches Retentionskonzept etabliert.

Kundenstimmen
Stahl, eine mittelständische Chemiefirma mit hoher Männerquote, nutzt den Partneraccount von Peaches, um die Partnerinnen der männlichen Mitarbeiter einzubeziehen. Dies hat nicht nur positive Auswirkungen hinsichtlich der finanziellen Belastung und der familiären Werte, sondern trägt auch dazu bei, Männer zu halten, die bei einem Jobwechsel von ihren Partnerinnen beeinflusst werden. Die Personalverantwortlichen sehen dies als einen klaren Schritt, um die Geschlechterparität zu fördern und die Attraktivität als Arbeitgeber zu steigern.

Das Hyatt-Hotel, mit einem hohen Anteil an weiblichen Mitarbeitern und einem branchenbedingt starkem Arbeits- und Fachkräftemangel, suchte nach innovativen Ideen, um im Recruiting zu überzeugen und Mitarbeiter zu halten. Durch die Implementierung von Peaches-Fertility-Benefits konnten sie nicht nur ihre Mitarbeiterinnen in wichtigen Lebensphasen unterstützen, sondern auch die Arbeitgeberattraktivität und Mitarbeiterbindung erhöhen. Die personalisierten Geschenkboxen bei Schwangerschaft und Geburt sowie der Zugang zu den Onlinekursen, haben zu einer überwältigenden Dankbarkeit bei den Mitarbeitern geführt. Die Nominierung für den HR Excellence Award 2023 unterstreicht den innovativen Ansatz von Hyatt.

Peaches setzt damit nicht nur auf die Entwicklung der Geschlechterparität und auf die emotionale Bindung der Mitarbeiter, sondern leistet einen Beitrag zur

Transformation der Arbeitswelt. Durch die Integration von »Fertility Benefits« schafft Peaches nicht nur eine nachhaltige Veränderung im Unternehmen, sondern auch ein glückliches Gleichgewicht zwischen Karriere und Familienplanung.

Dieser Beitrag ist in Zusammenarbeit mit Julia Neuen, CEO & Gründer von Peaches erstellt. Julia gründete 2019 storchgeflüster.de (Deutschlands größter Onlinekursanbieter für die Zeit vom Kinderwunsch bis nach der Geburt). Kontaktiere Julia gerne auf www.peaches-benefits.com (abgerufen am 14.02.2024) *oder LinkedIn für mehr Informationen.*

9.3 Freundschaften und Verbindung

Positive und starke soziale Beziehungen am Arbeitsplatz sind entscheidend für das Erfahren von Arbeitsglück (Haar, 2019). Wenn Arbeitskollegen auch Freunde sind, hat das einen direkten positiven Einfluss auf das Mitarbeiterengagement und den Unternehmenserfolg (Patel & Plowman, 2022).

Aktuelle Studien des Forschungsinstitut Gallup zeigen, dass das Vorhandensein eines »besten Freundes« am Arbeitsplatz viele Funktionen hat. Um am Arbeitsplatz erfolgreich zu sein, muss man sich glücklich, produktiv und motiviert fühlen. Aber ohne mindestens eine Person, die einem den Rücken stärkt, Mut macht und da ist, wenn es schwierig wird, ist dieser Erfolg kaum zu erreichen. Seit Beginn der Pandemie sind Freundschaften am Arbeitsplatz noch wichtiger geworden, gerade angesichts des Anstiegs von Remote- und Hybridarbeit (Patel & Plowman, 2022). Einen guten Freund am Arbeitsplatz zu haben, hat direkte Auswirkungen auf das Engagement und die Produktivität. Zudem sind Mitarbeiter stärker an ihre Organisation gebunden und zufriedener mit ihrer Karriere, wenn sie freundschaftlich mit Kollegen verbunden sind (Kundi, 2021).

Faktoren, die die positiven sozialen Bindungen am Arbeitsplatz fördern, sind eine positive Organisationskultur und Spaß am Arbeitsplatz sowie psychosoziale Faktoren, wie Unterstützung vom Vorgesetzten, Mitbestimmung, Anerkennung und Wertschätzung, Entwicklungsmöglichkeiten, Chancengleichheit und Fairness (Olynick, 2020; Dilankshini, 2019). Olynick (2020) fand heraus, dass Mitarbeiter, die in einer Unternehmenskultur tätig sind, die von starken sozialen Bindungen, Zusammenhalt und einer verbindenden Gruppenidentität geprägt ist, von niedrigsten Stresslevels, von einem sehr hohen Maß an Arbeitsfreude und einem hohen Produktivitätsniveau berichteten.

Tipp: Persönliche Verbindung in virtuellen Teams stärken

Mit diesen zehn Tipps kannst du in virtuellen Teams die persönliche Verbindung stärken:

1. Schalte während Onlinemeetings deine Kamera ein, damit du gesehen wirst, und es einfacher ist, eine persönliche Verbindung herzustellen.
2. Nimm dir zu Beginn und am Ende jedes Onlinemeetings bewusst Zeit für Smalltalk, um die soziale Atmosphäre zu fördern.
3. Starte oder beende Meetings mit Fragen, wie »Wofür bist du dankbar?« oder »Was macht dich gerade Stolz?« für eine persönliche Note.
4. Starte Meetings mit einem kurzen Austausch über Erfolge oder positive Erlebnisse im Team.
5. Wechsele in Teammeetings die Moderatorenrolle ab, um verschiedene Perspektiven einzubinden.
6. Stelle Kommunikationstools sicher und nutze Chat, Slack etc. für einen kontinuierlichen Kontakt während der Arbeit.
7. Halte das Team durch Updates und Informationsaustausch regelmäßig auf dem Laufenden.
8. Führe virtuelle »Quick Connects« für informelle Gespräche ein, beispielsweise eine gemeinsame virtuelle Kaffeepause oder ein Telefonat während eines Spaziergangs.
9. Integriere virtuelle »Wellbeing-Booster« im Alltag: kurze, gemeinsame und nicht arbeitsbezogene Aktivitäten moderiert von verschiedenen Teammitgliedern, wie zum Beispiel: 5 Minuten stretchen, Dankbarkeitsrunde, kurze Meditation, Impulsvortrag von ca. 15 Minuten über ein Wellbeing-Thema (z. B. gesunde Ernährung, Schlaf, Bewegung).
10. Organisiere virtuelle Team Events wie Team lunch, Pubquiz oder andere informelle Aktivitäten.

Beispiele: Verbundenheit und Freundschaften unter Kollegen fördern

In meiner Arbeit mit Unternehmen habe ich eine Vielzahl von Maßnahmen und Initiativen auf Unternehmensebene erlebt, die die Verbundenheit und die Freundschaften unter Kollegen fördern. Einige Beispiele hierfür sind:

Listening Forums: Monatlich wechselnde kleine, diverse Gruppen von Mitarbeitern treffen sich mit dem Geschäftsführer und einem Personalvertreter. Dabei haben sie die Möglichkeit, aktuelle Themen anzusprechen und Fragen zu stellen. Die Veranstaltung schließt mit einer gemeinsamen sozialen Aktivität ab.

Hacks/Innovation Days: Mitarbeiter haben die Gelegenheit, gemeinsam an speziellen Tagen innovative Ideen zu entwickeln und umzusetzen.

Onboarding Week: Alle neuen Mitarbeiter, die im gleichen Monat in verschiedenen Abteilungen, Niederlassungen oder Ländern starten, lernen sich und das Unternehmen in einer intensiven gemeinsamen Woche kennen.

Yearly Kickoff: Ein jährliches Treffen, bei dem alle Kollegen an einem Ort zusammenkommen. Die Agenda beinhaltet sowohl strategische und inhaltliche Themen als auch Zeit für Spaß und Teambuildingaktivitäten.

Soziales Engagement: Kollegen setzen sich gemeinsam für wohltätige Zwecke ein und helfen anderen Menschen.

Gemeinsame Freizeitinitiativen: Dazu gehören Teamreisen, die gemeinsame Teilnahme an Sportevents und Wettbewerben sowie die Zusammenführung von Interessengruppen (Haustiere, Kinder, Hobbies etc.).

Feiern: Weihnachtsfeiern, Sommerfeste und Neujahrsfeiern, bei denen gemeinsam gefeiert wird, Kollegen gelobt werden und ihnen gedankt wird.

Family & Friends Day: Ein Tag, an dem die Büroräumlichkeiten für Familien und Freunde geöffnet sind, und die Kollegen die Möglichkeit haben, die Familien und Freunde der anderen kennenzulernen.

Sommer-Location: Das Unternehmen mietet über die Sommermonate ein großes Haus, das für alle Mitarbeiter frei zugänglich ist und als Ort für Remote-Arbeiten dient.

Obwohl diese Beispiele nachweislich einen positiven Einfluss auf die Verbindung innerhalb eines Unternehmens haben, liegt die Verantwortung für eine Kultur des Zusammenhalts, in der Freundschaften entstehen können, bei jedem Einzelnen. Jeder kann durch einen offenen Umgang mit Kollegen, durch positive Kommunikation und kleine freundliche Gesten dazu beitragen. Da das Investieren in soziale Beziehungen eine evidenzbasierte Glücksstrategie ist (Lyubormirsky, 2008), wirkt sich dies sowohl auf das eigene Arbeitsglück, als auch auf das Miteinander positiv aus.

Tipp: Freundliche Gesten zur Steigerung des Arbeitsglücks

Steigere dein Arbeitsglück, indem du andere glücklich machst. Die folgenden zehn Ideen für – auch spontane – kleine freundliche Gesten (»Random Acts of Kindness«) am Arbeitsplatz helfen dabei.

1. Erzähle dem Vorgesetzten deines Kollegen von seiner/ihrer guten Arbeit, ohne dass dein Kollege es erfährt.
2. Stelle Blumen auf den Schreibtisch eines Kollegen.
3. Schreibe eine handgeschriebene Karte oder Notiz für einen Kollegen, in der du deine Wertschätzung für seine Arbeit ausdrückst.
4. Frage einen Kollegen, wie es ihm/ihr wirklich geht, und höre aufmerksam zu.
5. Lass dem Kollegen den Vortritt, z. B. am Drucker, dem Aufzug – oder auch an der Espressomaschine.
6. Grüße und lächle jeden an, den du auf dem Flur triffst.

7. Bringe Kuchen, Eis oder Obst für deine Kollegen mit.
8. Biete dich das nächste Mal als Freiwilliger an, wenn ein Kollege Hilfe benötigt, auch wenn du den Kollegen noch nicht gut kennst.
9. Gib einem Kollegen, mit dem du nicht täglich arbeitest, ein aufrichtiges Kompliment.
10. Bedanke dich bei einem Kollegen für die gute Zusammenarbeit.

Business Case: Jägermeister – Gelebter Purpose für soziale Verbindungen

Jägermeister, als global ausgerichtetes Familienunternehmen, vereint eine globale Präsenz mit lokal tief verwurzelten Traditionen in Wolfenbüttel und definiert sich selbst damit als »glocal« – einer Verbindung der beiden englischen Worte global und local. Der Unternehmenszweck, »Best Nights of Your Life Today & Tomorrow«, geht über den Genuss alkoholischer Getränke hinaus und strebt danach, soziale Bindungen zu fördern und Einsamkeit in der Gesellschaft zu bekämpfen.

Unternehmensmission und Werte

Die Kultur von Jägermeister ist durch familiäre Werte wie Sicherheit, Wertschätzung, Offenheit, Langfristigkeit und Spaß geprägt. Unternehmensentscheidungen sind sehr häufig langfristiger Natur, da sie auch die nächste Generation noch betreffen. Nachhaltigkeit spielt eine zunehmend wichtige Rolle, was durch den Zusatz »*Today and Tomorrow*« im Unternehmenszweck betont wird. Die Kultur ist stark auf die Mitarbeiterorientierung ausgerichtet, und die Interessen der Mitarbeiter und ihrer Familien stehen im Mittelpunkt. Die nach außen kommunizierten positiven sozialen Verbindungen werden intern gelebt und von Feierlichkeiten begleitet.

Besonderer Fokus: Kollaboratives Miteinander

Jägermeister setzt auf verschiedene Maßnahmen zur Förderung einer kollaborativen Gesellschaft. Insgesamt zielt das Unternehmen darauf ab, eine positive Arbeitsatmosphäre zu schaffen, die von gemeinschaftlichen Aktivitäten, positiver Kommunikation und einem inspirierenden Arbeitsumfeld geprägt ist. Jägermeister verfolgt die HR-Mission »Enable the best working experience of your life« für den gesamten Employee Lifecycle.

In der Rekrutierung liegt der Fokus auf Personen, die zu den Unternehmenswerten passen, da die Grundüberzeugung darin besteht, dass das Arbeitsglück auf einer wertschätzenden und positiven Grundstimmung basiert.

Verschiedene Kommunikationsformate wie das Social Intranet und Slack werden durch »Meisterweeks« ergänzt. Dabei kommt die Belegschaft eine Woche lang an einem Ort zusammen, um das Networking, den Austausch, den Spaß miteinander zu fördern und die Zusammengehörigkeit sowie Verbundenheit der Mitarbeiter in der hybriden Arbeitswelt zu stärken.

Ein XXL Co-Working-Space namens »Wolfenbrooklyn« bietet ein Arbeitsumfeld, das die Möglichkeit gibt, sich untereinander auszutauschen, zu vernetzen und von- und miteinander zu lernen. Im »Casino« haben Mitarbeiter Zugang zu preiswertem Essen, das ein Küchenteam zubereitet, das vor Ort ausgebildet wurde.

Zudem legt Jägermeister großen Wert auf die Entwicklung der Führungskräfte. Die Grundlage bildet ein Leadership-Modell – die Leitprinzipien der Führungskräfte, auf die sich die Mitarbeiter verlassen sollen können. Die Führungskräfte sind geschult im Umgang mit der Stärkenorientierung (nach CliftonStrengths). Außerdem hat Jägermeister eine Leadership Journey gestartet, die die Führungskräfte in der persönlichen Entwicklung kontinuierlich begleitet. 360-Grad-Feedbacks, viermal pro Jahr Pulse-Befragungen, eine jährliche Mitarbeiterbefragung und Mitarbeiterdialoge (in denen gegenseitigen Feedback zwischen Führungskraft und Mitarbeiter die Norm ist) fördern eine offene Kommunikation.

Wirksamkeit & Feedback

Die einzigartige Kultur von Jägermeister spiegelt sich in einer beeindruckenden Mitarbeiteridentifikation wider. Die sehr niedrige Fluktuation, die hohe Zufriedenheit und die Freude bei der Arbeit zeigen, dass der Unternehmenszweck soziale Bindungen zu fördern nicht nur ein Versprechen an die Konsumenten ist, sondern auch eine Realität für die Belegschaft von Jägermeister.

Dieser Beitrag ist in Zusammenarbeit mit Kai-Steffen Knopf, Senior Director HR Core bei Mast-Jägermeister SE erstellt worden. Mehr Informationen findest du auf www.mast-jaegermeister.de (abgerufen am 14.02.2024). *Kontaktiere Kai-Steffen gerne auf LinkedIn.*

9.4 Positive Kommunikation

In meiner Arbeit mit Organisationen fällt mir immer wieder auf, wie entscheidend und wichtig die Rolle der Kommunikation bei der Entwicklung positiver sozialer Verbindungen und eines positiven Organisationsklimas ist.

Kommunikation erfolgt nicht nur durch Wörter, sondern wird auch durch Körpersprache, Tonalität, Gestik, Mimik, Stimmklang und Lautstärke ausgedrückt (Mehrabian&Ferris, 1967). Es ist nicht möglich *nicht* zu kommunizieren – jede Handlung, sei es verbal oder nonverbal, sendet eine Botschaft aus (Watzlawick, 2017). In der Kommunikation werden Informationen nicht nur gesendet, sondern auch empfangen. Effektive Kommunikation bedeutet daher nicht nur, klare Botschaften zu senden, sondern auch das Bewusstsein für mögliche Störquellen zu schärfen und sie zu minimieren (Shannon, 1948). Störquellen in der Kommunikation können vielfältig sein und zu Missverständnissen führen. Beispiele dafür sind Annahmen, Sprachbarrieren, Sarkasmus, Zeitdruck, emotionale Reaktionen und Vorurteile. Diese Faktoren können dazu führen, dass die Botschaft, die der Sender übermitteln möchte, von Empfängern unterschiedlich interpretiert wird. Es ist wichtig, sich dieser potenziellen Störquellen bewusst zu sein und aktiv daran zu arbeiten, die Kommunikation klarer und effektiver zu gestalten.

Im Kontext positiver Kommunikation liegt der Schwerpunkt darauf, *wie* verbal und nonverbal kommuniziert wird. Positive Kommunikation umfasst die bewusste Verwendung von positiver Sprache, aktives Zuhören, Empathie, die sorgfältige Berücksichtigung der nonverbalen Kommunikation sowie der Selbstreflexion. Durch konsequente Anwendung dieser Grundsätze werden nicht nur ein klarer Informationsaustausch gewährleistet und potenzielle Störquellen minimiert, sondern es entsteht auch eine unterstützende und wertschätzende Kommunikationskultur.

Positive Kommunikation trägt somit wesentlich zur Entwicklung eines positiven Organisationsklimas bei, in dem Mitarbeiter sich gehört und verstanden fühlen. Sie spielt eine entscheidende Rolle in der Förderung von Glück und psychischem Wohlbefinden in Organisationen (Muñiz-Velázquez, 2013).

Tipp: Positive nonverbale Kommunikation

Mit diesen fünf Tipps kannst du die nonverbalen Aspekte deiner Kommunikation positiv gestalten.

1. **Blickkontakt:** Ein angemessener Augenkontakt signalisiert Interesse und Aufmerksamkeit. Achte in virtuellen Meetings darauf, deine Kamera so zu positionieren, dass du auf Augenhöhe mit deinem Gesprächspartner kommunizieren kannst. So kannst du eine unnötige hierarchische Distanz vermeiden und schaffst zugleich eine gleichberechtigte Atmosphäre im virtuellen Raum.

2. **Körpersprache:** Achte auf eine offene und entspannte Körpersprache. Vermeide gekreuzte Arme, da dies oft als Abwehrhaltung interpretiert wird. Wende dich aktiv deinen Gesprächspartnern zu und neige deinen Körper leicht nach vorne, um Interesse zu signalisieren.
3. **Gestik und Mimik:** Verwende positive Gesten und Mimik, um deine Botschaft zu unterstützen. Lächeln, Kopfnicken und offene Handbewegungen tragen zur positiven Atmosphäre bei.
4. **Sitzordnung:** Wähle eine Sitzordnung, die die Kommunikation fördert. Bei Mitarbeitergesprächen empfiehlt sich eine 90-Grad-Sitzordnung, die eine offene Kommunikation auf gleicher Augenhöhe fördert. Bei der Teamarbeit fördert das Nebeneinandersitzen oder eine kreisförmige Anordnung die Zusammenarbeit. Für formellere Anlässe ist eine frontale Sitzordnung effektiv, um Klarheit und Fokussierung zu schaffen.
5. **Ungestörte Aufmerksamkeit:** Zeige ungeteilte Aufmerksamkeit, indem du Ablenkungen minimierst und den Blickkontakt hältst. Vermeide während des Gesprächs störende Verhaltensweisen wie das Checken von Nachrichten. Durch ungeteilte Aufmerksamkeit signalisierst du Respekt und Wertschätzung für den Gesprächspartner und schaffst eine Verbindung.

9.4.1 5 Merkmale der positiven Sprache

Die positive Sprache ist einer der Schlüsselfaktoren der effektiven und positiven Kommunikation. Die positive Sprache bedeutet eine empathische, selbstsichere und respektvolle Kommunikationsweise durch positiv formulierte Sätze. Sie zielt darauf ab, die Botschaften auf eine Art und Weise zu formulieren, die positive Emotionen auslöst und negative Emotionen minimiert, Vertrauen aufbaut und das Wohlbefinden stärkt. Merkmale der positiven Sprache sind:

Merkmal 1: Klar. Die positive Sprache ist klar und präzise. Sie vermeidet mehrdeutige und vage Formulierungen, wie betriebsinterne Bezeichnungen, Abkürzungen und Fachwörter, um eine leicht verständliche Kommunikation sicherzustellen. Auch die Bildung kurzer, prägnanter Sätze ohne »Weichmacher« (sozusagen, halt, eben, quasi, im Prinzip, eigentlich) fördert eine klare Übermittlung von Informationen.

Merkmal 2: Lösungsorientiert. Statt sich auf Probleme zu konzentrieren, liegt der Fokus auf Lösungen und Möglichkeiten. Beispielsweise kann anstelle von »Dafür bin ich nicht zuständig« die positive Formulierung verwendet werden: »Das fällt in die Zuständigkeit von ...« Das ermöglicht eine konstruktive Herangehensweise und zeigt Bereitschaft zur Zusammenarbeit.

Merkmal 3: Verbindlich. Eine verbindliche Sprache vermittelt Entschlossenheit. Anstelle von vagen Aussagen wie »Ich würde es machen« signalisiert »Ich mache es« eine klare Absicht und stärkt die Handlungsbereitschaft.

Merkmal 4: Wertschätzend. Die positive Sprache drückt Anerkennung und Wertschätzung aus. Menschen fühlen sich durch positive Worte ermutigt und respektiert. Statt »Du hast recht, aber bei uns ist es so …« kann eine positivere Formulierung gewählt werden, wie zum Beispiel »Du hast recht, und darüber hinaus ist es so …«. Dies fördert eine offene Diskussion und ermöglicht eine gemeinsame Betrachtungsweise.

Merkmal 5: Positive Wörter. Wörter wie »Problem«, »Risiko«, »nicht« oder »kein«, können eine negative Stimmung erzeugen. Anstelle von »Damit gehst du kein Risiko ein!« kann positiver formuliert werden: »Damit gehst du auf Nummer sicher!« Dies unterstützt eine optimistische Atmosphäre und fördert ein konstruktives Gesprächsklima.

Die bewusste Anwendung dieser Prinzipien in der Kommunikation trägt dazu bei, Missverständnisse und Störquellen zu minimieren, die Zusammenarbeit zu stärken und eine positive Gesprächsatmosphäre zu schaffen.

Selbstreflexion: Typische Aussagen – positiv gedacht

Typische Aussage	Wendung in positive Sprache
»Eigentlich machen wir das so nicht …«	»Das machen wir in der Regel so …«
»Das weiß ich nicht.«	»Das versuche ich für dich herauszufinden.«
»Das hast du falsch verstanden.«	»Darf ich dir meine Sicht der Dinge erklären?«
»Damit bin ich nicht einverstanden.«	»Lass uns eine Lösung finden, mit der alle zufrieden sind.«
»Das ist kein Problem für mich.«	»Das mache ich gerne.«
»Entschuldigung für den Fehler.«	»Vielen Dank für deine Aufmerksamkeit.«
»Sorry für meine späte Antwort.«	»Vielen Dank für deine Geduld.«
»Sorry für die kurzfristige Absage.«	»Danke für deine Flexibilität.«

9.4.2 Kommunikationskanäle

Ein Kommunikationskanal ist das Medium oder die Plattform, über die Informationen von einem Sender zu einem Empfänger übertragen werden. Dies kann sowohl verbal als auch nonverbal geschehen und beinhaltet verschiedene Mittel wie Sprache, Schrift, visuelle Elemente oder Technologien wie digitale Kommunikationsplattformen, Telefon, E-Mail, soziale Medien usw.

Die Auswahl des richtigen Kommunikationskanals beeinflusst maßgeblich die Effektivität der Übertragung und Verständigung zwischen den Beteiligten. Kommunikationskanäle in einer positiven Arbeitsumgebung zeichnen sich durch zwei entscheidende Merkmale aus, die dazu beitragen, dass die Kommunikation positiv, offen und transparent ist.

Merkmal 1: Möglichkeit zur Zwei-Weg-Kommunikation. Hierbei geht es nicht nur darum, Informationen von oben nach unten zu übermitteln, sondern auch aktiv Feedback und Anregungen der Teammitglieder zu erhalten. Dies fördert den Dialog und schafft eine integrative Kommunikationskultur.

Merkmal 2: Mehrkanal und zeitliche Flexibilität zur Förderung von Diversität und Inklusivität. Die Möglichkeit, aus verschiedenen Kommunikationsmitteln und -technologien zu wählen, ermöglicht es den Mitarbeitern, das für ihre Bedürfnisse am besten geeignete Medium zu nutzen. Kommunikationskanäle sollten zeitliche Flexibilität ermöglichen, um den unterschiedlichen Zeitplänen der Teammitglieder gerecht zu werden. Die Möglichkeit zur Echtzeit- oder zeitversetzten Kommunikation erleichtert die persönliche Organisation der Arbeit für Mitarbeiter. Die Ausstattung von Mitarbeitern mit geeigneten Endgeräten spielt eine genauso wichtige Rolle, um die Integration aller Teammitglieder sicherzustellen.

Neben den formellen Kommunikationskanälen ist die Förderung von informellen Gesprächen und sozialem Austausch wichtig, um Beziehungen zu stärken und eine positive Atmosphäre zu schaffen. Dafür können Gruppen auf digitalen Plattformen erstellt werden, in denen nur soziale und informelle Informationen ausgetauscht werden.

Wenn du die beiden Merkmale bei der Gestaltung deiner Kommunikationsumgebung berücksichtigst, kannst du damit die Kommunikation positiv beeinflussen, und zudem die Zusammenarbeit und den Teamgeist stärken.

Business Case: Beekeeper – Revolution der Frontline-Kommunikation

Beekeeper, gegründet im Jahr 2012 in Zürich, hat sich zur Aufgabe gemacht, die Arbeitswelt von mehr als 2,7 Milliarden Arbeitskräften zu verbessern. Gemeint sind schreibtischlose Beschäftigte z. B. im operativen Bereich, in Produktionshallen, im Einzelhandel, auf Bauplätzen und in Krankenhäusern. Oft sind diese Mitarbeiter vom Informationsfluss im Unternehmen abgeschnitten und die Arbeitsabläufe noch wenig digitalisiert. Beekeeper stattet Frontline-Teams mit einer digitalen Plattform aus, um die Zusammenarbeit und die Verbindung zum Unternehmen zu stärken. Beekeeper ist mit über 200 Mitarbeitern an vier Standorten weltweit vertreten.

Gründungsidee und Mission

Beekeeper wurde mit der Vision gegründet, Menschen durch Technologie zu vernetzen. Ursprünglich als soziales Netzwerk für Studenten namens Spocal (Speak Local) gestartet, entwickelte sich die Plattform aufgrund der intuitiven Benutzeroberfläche schnell zum aktivsten Studentennetzwerk in Zürich. Die hohe Nutzeraktivität zog die Aufmerksamkeit von Unternehmen auf sich, die Interesse daran hatten, die Plattform für die effektivere Vernetzung ihrer Mitarbeiter anzupassen. Durch den Austausch mit diesen Unternehmen wurde deutlich, dass viele Branchen Herausforderungen in der Kommunikation und Zusammenarbeit von schreibtischlosen Mitarbeitern haben. Viele dieser Mitarbeiter verfügen nicht über Firmen-E-Mail-Adressen, und die Kommunikation erfolgt häufig über ein Schwarzes Brett, Beilagen im Gehaltsbrief oder mündlich. Beekeeper wurde als Lösung erkannt, um Kommunikation in der schreibtischlosen Arbeitswelt von Millionen von Mitarbeitern zu verbessern, insbesondere auch zwischen geografisch getrennten Standorten. Seitdem widmet sich das Unternehmen täglich dem Ziel, die digitale Kluft der schreibtischlosen Mitarbeiter weiter zu schließen.

Frontline-Success-System

Das »Frontline-Success-System« von Beekeeper ist eine Mitarbeiter-App, die Unternehmen in die Lage versetzt, ihre Belegschaft in Echtzeit zu erreichen und zu vernetzen. Sie ermöglicht die digitale Durchführung zuvor papierbasierter Prozesse, die Integration bestehender Systeme wie HCM oder ERP und bietet einen mobilen digitalen Arbeitsplatz. Das Frontline-Success-System trägt zu mehr Arbeitsglück und einer positiven Employee Experience bei, da sie den Zugang zu Informationen und Tools (z. B. Schichtpläne, Handbücher, Produktinformationen) und auch Prozesse vereinfacht (wie Onboarding, Urlaubsantrag, und Offboarding) und zudem Feedbackkultur und Transparenz fördert. Microlearnings, Umfragen und Produktupdates unterstützen die persönliche Weiterentwicklung.
Die Plattform ist inzwischen in mehr als 150 Ländern im Einsatz, darunter sind namhafte Unternehmen wie Hirmer, Leonardo Hotels, Edeka, das Deutsche Rote Kreuz (DRK), Berliner Stadtreinigung und Butlers.

Kundenstimmen

Der Kreisverband eines Rettungsdienstes hat durch Beekeeper in einem Umfeld mit variablen Arbeitszeiten und unterschiedlichen Standorten, die interne Kommunikation optimiert und den Verwaltungsaufwand, insbesondere bei Dienstplänen, erheblich reduziert. Die verbesserte Erreichbarkeit der Mitarbeiter, gerade in Notfallsituationen, erwies sich als entscheidend. Die Modernisierung stärkte das Image des Kreisverbands als attraktiver Arbeitgeber und verbesserte die Employee Experience.

Ein Kunde aus den Bereichen Gartenbau, Transport und Recycling sowie Immobilien konnte durch Beekeeper die interne Kommunikation für 70 Prozent der Belegschaft, die nicht an PCs arbeiten, digitalisieren und administrative Prozesse optimieren. Die Anwendung wird nun von 100 Prozent der Mitarbeiter genutzt. Neben der Kommunikation werden auch Funktionen für administrative Aufgaben wie Schichtplanungen und Sicherheitschecklisten genutzt, was den Arbeitsalltag erleichtert und die Identifikation mit dem Unternehmen fördert.

Beekeeper unterstützt schreibtischlose Mitarbeiter nachweislich effizient bei ihren Kernaufgaben und reduziert den administrativen Stress, was zu einer höheren Mitarbeiterzufriedenheit und Bindung führt.

Dieser Beitrag ist in Zusammenarbeit mit Andreas Slotosch, Chief Growth Officer & Co-Founder bei Beekeeper entstanden. *Möchtest du mehr Informationen über die Plattform erhalten? Kontaktiere Andreas gerne auf LinkedIn oder via* www.beekeeper.io (abgerufen am 14.02.2024)

10 Einflussbereich 4: CULTURE – Eine menschenzentrierte Unternehmenskultur

Höre auf die Menschen in deiner Organisation, schaffe eine offene und transparente Arbeitsumgebung, um immer das richtige Gespräch führen zu können. Es gibt keine magische Lösung, die für alle funktioniert. Gestalte also dein Unternehmen so, dass es Platz für einen persönlichen Ansatz gibt.
Anne van der Heide, Happiness Officer & Partner, Bizzomate

In diesem Kapitel besprechen wir den vierten Einflussbereich für mehr Glück bei der Arbeit: die Unternehmenskultur.

Arbeitsglück hängt immer auch mit der Arbeitsumgebung zusammen (Ficarra et al, 2020). Bei der Gestaltung der Arbeitsumgebung spielt die Unternehmenskultur eine entscheidende Rolle. Sie beeinflusst die Einstellungen und das Verhalten der Mitarbeiter und bestimmt, wie eine Unternehmensstrategie umgesetzt wird. Eine Arbeitsumgebung, an der Führungskräfte und Mitarbeiter mitwirken und in der sie wachsen möchten, hat letztendlich Auswirkungen auf den Erfolg und die Reputation des Unternehmens.

Die Unternehmenskultur bezieht sich auf die gemeinsamen Werte, Verhaltensweisen und Praktiken, die eine Organisation kennzeichnen. Sie umfasst die Art und Weise, wie Mitarbeiter miteinander, mit der Führungsebene und mit externen Interessengruppen interagieren, sowie Mission, Vision und Kernprinzipien der Organisation. Zudem prägen Organisationsstrukturen, Technologie, Vergütungsstrategie und Arbeitsbedingungen die Unternehmenskultur.

Prioritäten in einer menschenzentrierten Unternehmenskultur

Ich habe den Eindruck gewonnen, dass sich Unternehmen zunehmend um die individuellen Bedürfnisse ihrer Mitarbeiter kümmern. Mitarbeiter werden als Kunden betrachtet und ihre Zufriedenheit steht im Mittelpunkt. In diesem Kontext gewinnen Aspekte wie Wohlbefinden, persönliche Weiterentwicklung, psychologische Sicherheit, Kommunikation und soziale Verbindungen als integrale Bestandteile der Unternehmenskultur an Bedeutung. Diese Aspekte tragen, wie in den vorherigen Kapiteln beschrieben, maßgeblich zu einem positiven Arbeitsumfeld und gesteigertem Glück bei der Arbeit bei.

Im folgenden Abschnitt werden wir zunächst genauer auf die Unternehmenswerte eingehen. Anschließend werden wir die Bedeutung einer Feedbackkultur für das Arbeitsglück besprechen. Schließlich gehen wir auf zwei Arbeitspraktiken ein – Vergütungsstrategie und Arbeitsplatzbedingungen – die durch einen individuellen Ansatz das Arbeitsglück positiv beeinflussen können.

10.1 Unternehmenswerte

Unternehmenswerte spielen eine entscheidende Rolle im Arbeitsalltag, indem sie klare Leitlinien für erwünschtes und erwartetes Verhalten im Unternehmen setzen. Die Bedeutung von Unternehmenswerten im Arbeitsalltag zeigt sich auf verschiedene Weisen:

1. Unternehmenswerte bieten Klarheit und Transparenz im Umgang miteinander. Sie bieten Orientierungshilfe. Auch in schwierigen zwischenmenschlichen Situationen dienen sie als Leitfaden und unterstützen bei der Entscheidungsfindung.

2. Unternehmenswerte stiften Identität und fördern ein Gefühl der Zusammengehörigkeit. Sie sind der »soziale Klebstoff«, der eine Organisation zusammenhält. Sie verbessern die Zusammenarbeit sowohl mit den Führungskräften als auch mit den Stakeholdern – und auch innerhalb der Teams.
3. Unternehmenswerte bieten Richtlinien für strategische Initiativen. So kann z.B. der Unternehmenswert »Innovation« als Leitprinzip für Initiativen zur Stärkung der Innovationskraft dienen. Konkret kann das bedeuten, gezielt in Forschung und Entwicklung zu investieren, Mitarbeiter in innovativen Technologien zu schulen und Partnerschaften mit Start-ups einzugehen.

10.1.1 Verankerung von Unternehmenswerten

Während meiner Karriere habe ich in und mit verschiedenen Organisationen zusammengearbeitet. Dabei habe ich deutliche Unterschiede feststellen können, wie Unternehmenswerte in der Unternehmenskultur verankert sind. In Unternehmen, in denen Werte erfolgreich eingebettet wurden, beobachtete ich positive Auswirkungen auf die Unternehmenskultur und die Zusammenarbeit.

In Organisationen, in denen die Verankerung der Werte nicht effektiv war, habe ich hingegen bestimmte Muster festgestellt, die deren Akzeptanz, Umsetzung und die Identifikation mit ihnen erschweren:

- Die Unternehmenswerte wurden top-down eingeführt, ohne eine umfassende Einbindung von Führungskräften und Mitarbeitern.
- Den Unternehmenswerten fehlte die Authentizität und sie waren nicht ausreichend mit Unternehmenszielen und -identität abgeglichen und berichtigt worden.
- Die Formulierung der Werte war unklar, sie konnten sehr verschieden interpretiert werden, waren nicht handlungsorientiert, was eine Umsetzung in konkrete Handlungen erschwert.
- Führungskräfte und Geschäftsführung lebten die Unternehmenswerte nicht vor.
- Die Werte wurden in der Organisation nicht klar priorisiert. Sie werden nur nach außen kommuniziert (zum Beispiel auf der Karriereseite), sind ansonsten nirgendwo im Unternehmen integriert.

Wenn Unternehmenswerte nicht im Unternehmen verankert sind, kann dies negative Auswirkungen haben, wie mangelnde Identifikation, fehlender Zusammenhalt der Mitarbeiter, Unzufriedenheit, unklare Entscheidungsfindung, geringes Vertrauen und es kann letztlich für das Unternehmen sogar rufschädigend sein.

Im Gegensatz dazu haben stark verankerte Unternehmenswerte eine positive Wirkung auf das Arbeitsglück und die Unternehmenskultur.

Tipp: Fünf Tipps für eine erfolgreiche Verankerung von Unternehmenswerten

1. **Gemeinsame Entwicklung klarer Verhaltensanker:** Erarbeite gemeinsam mit verschiedenen Fokusgruppen im Unternehmen klare Verhaltensanker für verschiedene Situationen. Mit den Führungskräften kann beispielsweise besprochen werden, was bestimmte Werte in der Führungsarbeit bedeuten und welches Verhalten dazu nicht passt.
2. **Vorbildfunktion der Führungsebene:** Führungskräfte müssen die Werte vorleben und durch Feedback sicherstellen, dass diese konsequent in ihre tägliche Arbeit integriert werden. Ist einer der Werte beispielsweise eine positive Fehlerkultur, müssen Führungskräfte auch eigene Fehler eingestehen und die Verantwortung dafür übernehmen.
3. **Kommunikation und erlebbare Werte:** Erstelle zum Beispiel ein »Culture Book« mit Mitarbeitergeschichten zu den Unternehmenswerten und führe regelmäßige Check-ins in Meetings ein, um Zusammenarbeit, Herausforderungen und Zielerreichung mit den Unternehmenswerten zu verknüpfen.
4. **Wertschätzende Anerkennung:** Führe Peer-Belohnungssysteme wie einen Wechselpokal für vorbildliches Verhalten durch gelebte Werte oder Unternehmensawards für herausragende Umsetzungen der Unternehmenswerte ein.
5. **Integration in den Employee Life Cycle und HR-Prozesse:** Integriere die Werte in den gesamten Mitarbeiterzyklus, von Recruiting, über Onboarding bis hin zu Leistungsbewertungen und Zielsetzungen, um eine durchgängige Ausrichtung sicherzustellen.

10.1.2 Kollektives Mindset

Wenn persönliche Werte mit den Unternehmenswerten übereinstimmen, fördert dies das Sinnempfinden und das Arbeitsglück. Wenn Menschen das Gefühl haben, Teil von etwas Größerem als sie selbst zu sein, steigert dies die Motivation.

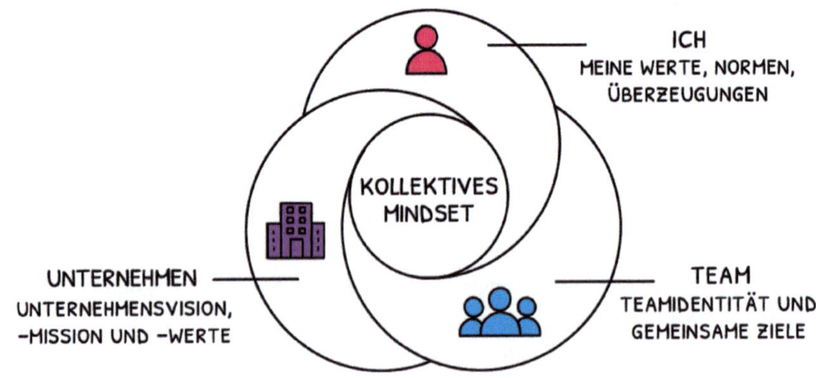

Kollektives Mindset

Ein kollektives Mindset entsteht, wenn Menschen die gleichen Werte, Überzeugungen und Ziele haben. Das kollektive Mindset ermöglicht eine ähnliche Wahrnehmung von Herausforderungen, Herangehensweisen bei der Umsetzung von Maßnahmen und Identität im Auftreten gegenüber Stakeholdern. Für ein Unternehmen hat ein kollektives Mindset die Vorteile, dass Kollegen sich gegenseitig ermutigen, mehr zu erreichen und sich bei Herausforderungen unterstützen. Es ermöglicht Teams und Organisationen, sich positiv zu entwickeln und langfristigen Erfolg zu erzielen.

Forschungen zeigen, dass es sich positiv auf das Arbeitsglück auswirkt, wenn die Mitarbeiter in ihrem kollektiven Mindset auch hinsichtlich ethischer Werte übereinstimmen (Valentine et al, 2011). Ethische Unternehmenswerte gehen über die bloße Einhaltung von Gesetzen und Vorschriften hinaus und reflektieren zudem das ethische Verhalten hinsichtlich Integrität, Fairness und Compliance. So wird auch überlegt, wie sich Unternehmensaktivitäten auf verschiedene »Stakeholder« auswirken, gemeint ist damit z. B. die Umwelt, die Gemeinschaft der Mitarbeiter, die Kunden und auch die Gesellschaft im Allgemeinen.

Selbstreflexion: Finde einen Job, der deinen Werten entspricht

Drei Fragen, die dir bei einer Jobsuche helfen können, ein Unternehmen zu finden, das mit deinen Werten übereinstimmt:

1. Welche Werte sind für mich persönlich bedeutend, und auf welche möchte ich in meinem beruflichen Umfeld nicht verzichten?
2. Stimmen die Mission und die Werte des Unternehmens mit meinen persönlichen Überzeugungen überein?
3. Wie nehmen aktuelle oder ehemalige Mitarbeiter die Unternehmenskultur wahr?

Um dies herauszufinden, kannst du mit aktuellen oder ehemaligen Mitarbeitern sprechen oder auch auf Onlineplattformen wiewww.kununu.de, www.glassdoor.comoder www.greatplacetowork.de (jeweils abgerufen am 14.02.2024) Einblicke in die tatsächliche Umsetzung der Werte in der Unternehmenskultur erhalten.

Business Case: Bizzomate – Gelebte Werte und Unternehmensvision

Bizzomate ist ein IT-Beratungsunternehmen mit über 70 Mitarbeitern, die in Büros in den Niederlanden und in Deutschland arbeiten. Das Unternehmen entwirft und entwickelt maßgeschneiderte Softwarelösungen für Kunden in verschiedenen Branchen, darunter Fertigung, Gesundheitswesen und Versicherungen. In ihrem Bestreben, komplexe administrative Prozesse zu vereinfachen, setzen sie auf eine Low-Code-Plattform namens Mendix. Diese ermöglicht es Mitarbeitern mit unterschiedlichen beruflichen Hintergründen, Software zu entwickeln und interne Probleme zu lösen.

Unternehmensmission und Werte
Die dauerhafte Vision von Bizzomate ist »Zusammen Wachsen«. Der Fokus liegt in erster Linie auf den Mitarbeitern, da ihr Glück an erster Stelle steht. Das Unternehmen glaubt, dass glückliche Mitarbeiter automatisch zufriedene Kunden bedeuten. Durch persönliches Wachstum und persönliche Entwicklung fördert Bizzomate motivierte Mitarbeiter, die gemeinsam mit den Kunden in Partnerschaften arbeiten und wachsen. Das Streben nach Wachstum berücksichtigt dabei stets die Auswirkungen auf die Gesellschaft. Gemeinsam zu wachsen bedeutet für Bizzomate also das Wachstum von Mitarbeitern, Kunden, Gesellschaft und dem Unternehmen selbst. Bizzomate hat besondere Initiativen rund um die Vision »Zusammen Wachsen« gestartet, die im Folgenden vorgestellt werden.

Initiative 1: Die 80-10-10-Woche
Bizzomate hat sich ausdrücklich dafür entschieden, nicht auf maximale Auslastung zu setzen, sondern mit 80 Prozent der Arbeitszeit zu planen. Jeder darf zusätzlich 10 Prozent seiner Arbeitswoche für ehrenamtliche Tätigkeiten – beispielsweise als Sprachpate, für Spaziergänge mit älteren Menschen, für gemeinsames Gärtnern oder als Umzugshilfe für Menschen, die kein soziales Netzwerk haben – einsetzen. Die verbleibenden 10 Prozent können je nach Wunsch für das eigene Wachstum, das Wachstum der Kollegen oder das Wachstum von Bizzomate verwendet werden – in Form von Schulungen, Wissensaustausch oder Organisationsverbesserung. Mit der 80-10-10-Woche fördert Bizzomate nicht nur individuelles Wachstum, sondern stärkt auch den Zusammenhalt und die Kreativität im Team.

Initiative 2: Flache Hierarchien und selbstorganisierte Teams
Die Geschäftsführung besteht aus sechs Personen, auch »Guides« genannt, mit jeweils einem eigenen Ergebnisbereich, wie Vertrieb, Finance oder Personal. Die Guides sind mitten in der Organisation positioniert und arbeiten aktiv im und am Unternehmen. Neben den Guides gibt es selbstorganisierte Teams ohne formale Hierarchien. Es gibt zum Beispiel Kundenteams, Themateams und Gilden – die im Hinblick auf ein technisches Thema wie Softwarearchitektur, Design oder Security organisiert sind. Mit den selbstorganisierten Teams wird die Verantwortung jedes Einzelnen betont, die Übernahme von unterschiedlichen Rollen und Perspektiven ermöglicht und damit persönliches Wachstum gefördert.

Initiative 3: Happiness Officers
Mitarbeiter werden in ihrer Entwicklung von Happiness Officers begleitet – allesamt ausgebildete Coaches. Sie unterstützen bei der Festlegung von Wachstumszielen, mit Fokus auf erwartetes Verhalten, Verantwortlichkeiten und Mehrwert rund um das Funktionsprofil. Vierteljährlich findet ein Entwicklungsgespräch mit den Happiness Officern statt. Die Mitarbeiter sind dazu aufgerufen, ihre Ziele

mit Kollegen zu besprechen und aktiv um Feedback zu bitten. Das zusammengetragene Feedback zu einer Rolle wird auch bei den regulären, formellen Bewertungsmomenten (Vertragsverlängerungen und Beförderungen) herangezogen.

Initiative 4: Erfolg und Auswirkungen auf die Mitarbeiterzufriedenheit
Bizzomate nimmt regelmäßig am Wettbewerb »Great Place to Work« teil und erreicht seit Jahren einen Platz in den Top 5 der besten Arbeitsplätze in den Niederlanden. Die hohe Mitarbeiterzufriedenheit zeigt sich im niedrigen Fluktuationsniveau und in den sehr geringen Burnout-Raten im Branchenvergleich. Die Ergebnisse spiegeln sich in der Mitarbeitergewinnung wider: Auf Stellenanzeigen bewerben sich viele gute Bewerber und auch die Mitarbeiter sind aktiv und werben Talente. Insgesamt hat Bizzomate nach eigener Auskunft »den Code geknackt« und es ist ihnen gelungen, eine inspirierende und attraktive Kultur zu schaffen, die auf Zusammenarbeit, individuellem Wachstum und sozialem Engagement basiert, was nicht nur das Glück der Mitarbeiter, sondern auch den Unternehmenserfolg fördert.

Dieser Beitrag wurde in Zusammenarbeit mit Anne van der Heide, Happiness Officer & Partner bei Bizzomate erstellt. Mehr Informationen über Bizzomate findest du auf www.bizzomate.com (abgerufen am 14.02.2024) *oder kontaktiere Anne via LinkedIn.*

10.2 Feedbackkultur

In den vorherigen Kapiteln haben wir die Bedeutung verschiedener Aspekte der Kommunikation für das Arbeitsglück hervorgehoben. Wir haben diskutiert, wie eine offene Gesprächskultur, positive Kommunikation, positive Sprache und verschiedene Kommunikationskanäle zu einer positiven Unternehmenskultur beitragen können. In diesem Kapitel werden wir einen weiteren wichtigen Kommunikationsaspekt für eine positive Unternehmenskultur behandeln: Feedback.

10.2.1 Grundsätze Feedbackkultur

Eine starke Feedbackkultur ist entscheidend für die individuelle und organisatorische Leistung (London, 2002). Eine positive Feedbackkultur kann ein positives Arbeitsumfeld schaffen und ein Unternehmen transformieren, muss jedoch effektiv definiert und gemanagt werden (Cole, 2015). Es gibt einige Grundsätze für eine wirkungsvolle und effektive Feedbackkultur:

Grundsatz 1: Feedback ist eine Fähigkeit, die trainiert werden kann. Feedback sollte als eine Fähigkeit betrachtet werden, die von Führungskräften und Mitarbeitern gleichermaßen erlernt werden kann. Es geht nicht nur darum, wie Feedback gegeben wird, sondern auch darum, die Fähigkeit zu entwickeln, Feedback anzunehmen. Neben einem möglichen Feedbacktraining sollten auch die Förderung eines Growth Mindsets und einer positiven Fehlerkultur helfen, konstruktiv mit Feedback umzugehen und das konstruktive Feedback in die Praxis umzusetzen.

Psychologische Sicherheit im Team ist erforderlich, um sich verletzlich zu zeigen, Fehler zuzugeben sowie Lernen und Veränderung zum Besseren zuzulassen. Führungskräfte spielen eine entscheidende Vorbildrolle, indem sie Fehler eingestehen und das Team darüber informieren, was sie daraus gelernt haben. Mitarbeiter sollten aktiv nach Feedback gefragt werden, um den gegenseitigen Austausch als integralen Bestandteil der Feedbackkultur zu fördern.

Grundsatz 2: Feedbackroutinen und -tools stärken die Feedbackkultur. In einer erfolgreichen Feedbackkultur ist das Geben und Empfangen von Feedback natürlicher Bestandteil des Arbeitsalltags und integraler Teil der organisatorischen DNA. Standardisierte und regelmäßige Feedbackroutinen, wie Fokusgruppen, »Round Tables«, »Meet and Greet« mit dem Managementteam sowie Ziel- und Entwicklungsgespräche, können dies unterstützen. Zusätzlich sollte Feedback in die täglichen Arbeitsroutinen integriert werden, etwa durch wöchentliche Teambesprechungen, Einzelgespräche oder tägliche Stand-up-Meetings.

Standardisierte Tools wie ein 360°-Feedbacktool, Mitarbeiterbefragungen oder ein Leistungsbeurteilungssystem können eine Feedbackkultur ebenfalls unterstützen. Diese Tools sollten einfach zu bedienen sein, und die abgeleiteten Ergebnisse sind nur so gut wie die Gespräche und Maßnahmen, die darauffolgend vereinbart und zeitnah umgesetzt werden.

Grundsatz 3: Zeitnahes und regelmäßiges Feedback ist entscheidend. Der Schlüssel zum Erfolg oder Misserfolg von Feedback liegt oft im Timing und in der Frequenz. Feedback, das in Echtzeit oder unmittelbar nach dem Ereignis oder der Leistung gegeben wird, ist wertvoller und handlungsorientierter als Feedback, das Wochen oder Monate später erfolgt. Performance Reviews sollten niemals überraschende neue Informationen enthalten, und Mitarbeiterbefragungen sollten in Echtzeit durchgeführt und zeitnah nachverfolgt werden.

Eine Feedbackkultur fördert ein regelmäßiges und gegenseitiges Feedback zwischen Mitarbeitern und Führungskräften. Jeder wird ermutigt, konstruktive Kritik zu üben und neue Ideen einzubringen. Das Ziel ist, eine offene Kommunikation und kontinuierliches Lernen zu fördern und Ziele basierend auf dem erhaltenen Feedback anzupassen. In einer solchen Kultur fühlen sich Mitarbeiter wohl, offen über Hierarchieebenen hinweg zu kommunizieren.

10.2.2 Positives und konstruktives Feedback

In einer effektiven Feedbackkultur spielt das positive Feedback genauso eine wichtige Rolle wie das konstruktive Feedback.

Positives Feedback von der Führungskraft beeinflusst die Leistung nachhaltig (Evans, 2019). Beim positiven Feedback geht es nicht nur um die Anerkennung außergewöhnlicher Projekte oder der erreichten Erfolge, sondern auch darum, im Alltag Lob und Wertschätzung zu zeigen, Stärken zu stärken und Fortschritte und Entwicklung anzuerkennen.

Tipp: Ideen für Lob und Wertschätzung im Alltag

Mit den folgenden Formulierungen liegst du richtig, wenn du z. B. eine Kollegin loben oder einem Kollegen deine Wertschätzung mitteilen willst.

- Dein Fachwissen ist eine Bereicherung für das gesamte Team.
- Danke, dass du immer so zuverlässig bist. Das erleichtert die Zusammenarbeit enorm.
- Deine kreative Ideen sind wirklich inspirierend. Ich schätze deine innovativen Beiträge.
- Ich bin beeindruckt von deiner Fähigkeit, unter Druck ruhig zu bleiben. Deine Gelassenheit trägt dazu bei, dass wir gemeinsam effektiv Herausforderungen bewältigen.
- Deine positive Einstellung ist ansteckend. Danke, dass du ein so motivierender Kollege bist.
- Deine Teamorientierung und Hilfsbereitschaft machen die Zusammenarbeit besonders angenehm.
- Deine Professionalität und die hohe Qualität deiner Arbeit fallen immer wieder positiv auf. Danke für deine konsequente Hingabe an Exzellenz.
- Ich schätze deine Fähigkeit, Feedback anzunehmen und konstruktiv damit umzugehen. Deine Offenheit für Weiterentwicklung beeinflusst das gesamte Team positiv.

Konstruktives Feedback bezieht sich auf eine Art der Rückmeldung, die darauf abzielt, unterstützend, aufbauend und hilfreich zu sein. Im Gegensatz zu rein kritischem oder negativem Feedback dient konstruktives Feedback dazu, eine positive Veränderung oder Verbesserung herbeizuführen. Der Fokus liegt darauf, wie zukünftiges Verhalten verbessert werden kann. Statt sich auf vergangene Ereignisse zu konzentrieren, liegt der Fokus auf »feed forward« – auf zukünftige Entwicklungen und Verhalten. Konstruktives Feedback sollte spezifisch, klar, authentisch und auf die Handlung oder das Verhalten bezogen sein, nicht auf die Person selbst.

Tipp: konstruktives Feedback

Das CEDAR-Modell bietet eine Struktur für konstruktives Feedback in 1:1-Gesprächen mit Führungskräften, Mitarbeitern oder Peers:

- C-Context: Beschreibe die Situation;
- E-Examples: Gebe klare Beispiele für das besprochene Verhalten;
- D-Diagnosis: Frage den Empfänger nach seiner Einschätzung, um die Gründe für sein Handeln zu verstehen;
- A-Actions: Definiere gemeinsam mit dem Empfänger Handlungen und Schritte;
- R-Review: Rückversichere dich beim Empfänger, um sicherzustellen, dass ihr abgestimmt seid.

Beispiel: »Bei unserem Teammeeting gerade hast du andere mehrfach unterbrochen (Context). Während Annas Präsentation hast du eine Frage gestellt, die vom Thema abwich und eine Diskussion über ein anderes Thema angefangen (Examples). Wie hast du das selbst wahrgenommen? (Diagnosis). Lass uns gemeinsam im nächsten Meeting einige Absprachen für die Meetings festlegen, um sicherzustellen, dass wir uns auf das Wesentliche konzentrieren. Wir könnten vorab beispielsweise eine Agenda erstellen oder die Themen aufteilen (Actions). Was hältst du von der Idee? (Review).«

Selbst wenn es sich um konstruktives Feedback handelt, kann das Empfangen von Feedback Emotionen wie Selbstzweifel, Frust und Verletzlichkeit hervorrufen. Jeder reagiert auf seine eigene Weise auf Feedback. Es ist wichtig, sich bewusst zu machen, dass diese Reaktionen normal sind und häufig aus persönlichen Erfahrungen und Wahrnehmungen resultieren.

Trigger erkennen und verstehen – positive Einstellung zu Feedback

Ein entscheidender Schritt im Umgang mit Feedback besteht darin, die eigenen Trigger zu erkennen und zu verstehen. Das erfordert eine bewusste Reflexion über die eigenen Reaktionen und die Bereitschaft, sich mit den zugrunde liegenden Emotionen auseinanderzusetzen. Durch Selbstreflexion kann jeder lernen, Feedback als eine Möglichkeit zur persönlichen und beruflichen Entwicklung zu betrachten.

Es ist hilfreich, eine positive Einstellung zum Feedback zu entwickeln und es als eine wertvolle Informationsquelle zu sehen, die uns ermöglicht, unsere Fähigkeiten zu verbessern. Das effektive Annehmen von Feedback erfordert Offenheit, Selbstbewusstsein und den Willen zur kontinuierlichen Verbesserung.

10.3 Vergütungsstrategie

In einer Zeit, in der die Arbeitswelt zunehmend von einem Streben nach ganzheitlichem Wohlbefinden geprägt ist, soll auch die Art und Weise, wie Mitarbeiter entlohnt werden, sich entwickeln. Entlohnung wird in diesem Sinn nicht mehr nur als eine finanzielle Vergütung verstanden, sondern vielmehr als ein Instrument, um die Lebensqualität der Mitarbeiter zu verbessern und ihr Engagement zu fördern. In diesem Kapitel geht es darum, was eine Vergütungsstrategie zur Unternehmenskultur, die das Arbeitsglück fördert, beitragen kann.

10.3.1 Finanzielle Vergütung – Geld und Glück

Macht Geld glücklich? Sucht man auf diese Frage eine Antwort, so findet man schnell heraus, dass Geld und Glück in einem komplexen Verhältnis zueinander stehen. Studien zeigen (Kahneman, 2010), dass ein höheres Gehalt zwar in gewissem Maße mit mehr Glück verbunden ist, jedoch nur bis zu einem bestimmten Punkt: solange es ermöglicht, die grundlegenden Bedürfnisse abzudecken und damit Sicherheit und Zufriedenheit bietet. Ist das Einkommen zu gering, um den Lebensunterhalt angemessen zu bestreiten, kann ein höheres Gehalt tatsächlich mit mehr Glück einhergehen.

Ab einem Jahreseinkommen von 75.000 Dollar zeigt sich, dass ein höherer Verdienst kaum positiven Einfluss auf das Glücksniveau hat. Diese Erkenntnis deutet darauf hin, dass über die Befriedigung grundlegender Bedürfnisse hinaus Geld nur begrenzt zum Glück beiträgt. Interessanterweise ergab eine globale Studie (Jebb et al., 2018) mit über 1,5 Millionen Menschen, dass Personen, die mehr als 95.000 Dollar pro Jahr verdienen, sich sogar weniger glücklich fühlen als Menschen mit einem niedrigeren Gehalt.

Monetäre Benefits wie Boni, Gehaltserhöhungen, Firmenwagen, Aktien oder Prämien tragen ebenfalls nur bedingt zum Glück bei. Dies liegt unter anderem an der in Kapitel 1 beschriebenen hedonischen Anpassung. Menschen freuen sich anfänglich über eine verbesserte Lebenssituation, dann tritt aber Gewöhnung ein und das Gefühl kehrt auf das eigene Glückslevel zurück. Die hedonische Anpassung erklärt, warum Menschen immer wieder nach mehr – mehr Gehalt, größeren Firmenwagen, höherem Bonus – streben.

Eine Gehaltserhöhung oder andere finanzielle Verbesserungen können zwar kurzfristig zu einer Zunahme des Glücks führen, doch diese Wirkung lässt im Laufe der Zeit nach. Unternehmen, die anstreben, dass ihre Gesamtvergütungsstrategie das Arbeitsglück nachhaltig positiv prägt, sollten daher auf mehr als nur finanzielle Vergütung setzen.

10.3.2 Zusatzleistungen – Fünf Faktoren für Happiness at Work

Eine wirksame Gesamtvergütungsstrategie trägt zu den fünf Faktoren (Kapitel 2.3) für Happiness at Work bei: Sicherheit, Sinnempfinden, Soziale Verbundenheit, Selbstverwirklichung und Persönliche Balance.

Tipp: Zusatzleistungen für das Arbeitsglück

Prüfe die Ideenliste, welche Zusatzleistungen das Arbeitsglück in deinem Unternehmen fördern können.

Faktor 1: Sicherheit

- kompetitives Grundgehalt
- ergonomische und individuelle Ausstattung im Büro
- gute Arbeitsmittel
- neueste Technologie
- Reisekostenzuschüsse
- Zuschüsse zu Gesundheitskosten
- zusätzliche Versicherungsleistungen für Angehörige

Faktor 2: Sinnempfinden

- Mitarbeiterbeteiligungsprogramme
- Innovationstage, an denen Mitarbeiter ihre Ideen vorstellen
- Jahres-Kick-off
- Teilnahme an Entscheidungen
- Sponsoring für persönliche Projekte von Mitarbeitern
- soziales Engagement

Faktor 3: Soziale Verbundenheit: Unternehmens- und Teamausflüge

- Geburtstagsfeiern
- gemeinsames Feiern
- gut ausgestattete Meetingräume
- inspirierender Gemeinschaftsraum
- gemeinsames Mittagessen
- virtuelle soziale Events
- Sponsoring gemeinsamer Sport- oder Interessensgruppen

Faktor 4: Selbstverwirklichung

- Delegation von Verantwortlichkeiten
- Beförderungen
- Jobrotation
- Weiterbildungsmaßnahmen
- internationale Assignments
- Mentoring

- Coaching
- Inspirationsstunden für Wissensaustausch
- unternehmensinterne Hackathons oder Ideenwettbewerbe

Faktor 5: Persönliche Balance
- Sonderurlaube
- Freistellungen
- Auszeiten
- Betriebskindergarten/betriebliche Pflegeeinrichtung für Eltern der Mitarbeiter
- flexible Arbeitszeiten
- Unterstützung in schwierigen Zeiten
- Förderung von Achtsamkeits- und Stressbewältigungsinitiativen
- Beschwerdemanagement
- Bereitstellung von Homeoffice-Ausstattung

10.3.3 Individuelle, inklusive und lebensphasenorientierte Vergütungsstrategie

Die Individualität, die Inklusion, und die Lebensphasenorientierung sind weitere Merkmale einer auf das Arbeitsglück ausgerichteten Gesamtvergütungsstrategie. Konkret heißt das:

Die Leistungen sollten auf die individuellen Bedürfnisse der Mitarbeiter zugeschnitten sein, um unterschiedlichen Bedürfnissen gerecht zu werden. Monetäre Zusatzleistungen wie ein Kindergartenzuschuss oder eine Mitgliedschaft im Fitnessstudio sind nicht für alle Mitarbeiter relevant. Ein »Leistungsmenü«, aus dem Mitarbeiter je nach Betriebszugehörigkeit einen bestimmten Betrag für verschiedene monetäre Zusatzleistungen zur Verfügung stehen, ist wertschätzend und berücksichtigt die individuellen Lebensumstände und Wünsche.

5 Ideen für lebensphasenorientierte Freistellungen und Auszeiten als Zusatzleistung:
- Elterntage für Mitarbeiter mit Kindern, um bei besonderen Ereignissen anwesend zu sein, wie beispielsweise die Einschulung, letzter Schultag, Konzerte, Auftritte und andere Schulaktivitäten.
- Pflegeauszeit für Mitarbeiter, die Familienpflichten wie die Betreuung älterer Angehöriger oder anderer familiärer Verpflichtungen haben.
- Sabbatical-Programm als Möglichkeit, eine längere unbezahlte Auszeit zu nehmen, um persönliche Projekte zu verfolgen, zu reisen oder sich auf persönliche Bedürfnisse zu konzentrieren.
- Möglichkeit für längere Urlaube oder Auszeiten für Menschen mit Familie im Ausland.
- Bildungstage für die persönliche Weiterbildung, berufliche Qualifizierung oder die Verfolgung von persönlichen Interessen, um die berufliche und persönliche Entwicklung zu fördern.

Verankern von Leistungen in der Unternehmenskultur

Die Leistungen einer wirksamen Gesamtvergütungsstrategie sollten verankert in Unternehmenswerten und -praktiken sein. Die Leistungen müssen fest mit den Werten des Unternehmens verbunden sein und im Unternehmensalltag gelebt werden.

Wenn zum Beispiel die Förderung einer Lernkultur ein Unternehmenswert ist und Lernbudgets vorhanden sind, sollte auch während der Arbeitszeit Raum für Lernmöglichkeiten und Weiterbildung geschaffen werden. Wenn Gesundheit und Wellbeing ein Unternehmenswert ist, sollte nicht nur ein Wellbeing-Kurs angeboten werden, sondern zum Beispiel auch Spaziergangmeetings, Meditation oder gesunde Ernährung mit in den täglichen Unternehmenspraktiken umgesetzt und vorgelebt werden.

Business Case: Voiio – Lebensphasenorientierte Benefits

Voiio, im Jahr 2018 in Berlin gegründet, ist Deutschlands führende 360°-Work-Life-Plattform, deren Mission darin besteht, Mitarbeiter glücklicher zu machen durch eine ganzheitliche Unterstützung im Berufs- und Privatleben.

Gründungsidee und Unternehmenswerte

Die Idee für voiio entstand, als der Gründer als Geschäftsführer eines Unternehmens bei einer Größe von 50 bis 60 Mitarbeitern die Notwendigkeit erkannte, die Unternehmenskultur auf das nächste Level zu heben. Bei der Suche nach Mitarbeiterbenefits stellte er fest, dass der Benefits-Markt hauptsächlich von monetären Vorteilen (Dienstwagen, Fitnessstudiomitgliedschaft oder Lunch-Zuschüssen) geprägt war. Dies inspirierte ihn zur Gründung von voiio, einer Plattform, die eine ganzheitliche und auf individuelle Bedürfnisse ausgerichtete Benefitlösung bietet. Unternehmen, die die Plattform einsetzen, unterstützen die Vereinbarkeit von Beruf und Privatleben ihrer Mitarbeiter und machen Werte wie Diversität und Inklusion zu gelebten Werten. Intern haben bei voiio Glück und Wohlbefinden der eigenen Mitarbeiter auch höchste Priorität. Transparenz, Spaß und Vielfalt sind dabei zentrale Werte. voiio wurde von Business Punk dreimal in Folge zum besten Start-up-Arbeitgeber in Deutschland gewählt und ist laut kununu der beste Internetarbeitgeber in Berlin.

360°-Work-Life-Plattform

Jeder Mensch hat ein Privatleben, das die Stimmung bei der Arbeit beeinflusst. Ein positives und ausgeglichenes Privatleben resultiert oft in guter Laune bei der Arbeit, während Stress oder Unwohlsein im Privatleben bei der Arbeit schwer abzuschütteln sind. Voiio steht für die gelebte Vielfalt. Die Plattform umfasst über 3.000 qualitätsgeprüfte Angebote in acht Modulen: Schwangerschaft&Geburt, Babys&Kleinkinder, Schulkinder&Jugendliche, Ehe&Partnerschaft, Diversity, Selbstführung, Elternpflege und Krisenunterstützung. Mit einer Vielzahl von

Angeboten, darunter zahlreichen Vorträgen, Workshops, Kursen und Beratungsleistungen, fördert voiio individuell und bedarfsorientiert die Zufriedenheit, die Produktivität und das Wohlbefinden von Mitarbeitern.

Kundenstimmen
voiio unterstützt seit 2021 die WBS-Gruppe, ein führender Anbieter für Onlineweiterbildungen und -ausbildungen. Mit über 1.800 Mitarbeiter an mehr als 250 Standorten muss ein Benefit für alle Nutzenden flexibel, digital und individuell sein. Über 90 Prozent der Mitarbeiter sind durch voiio zufriedener mit ihrem Arbeitgeber, fühlen sich bei der Arbeit produktiver und haben ihre Work-Life-Balance um 74 Prozent gesteigert.

Die Zusammenarbeit mit TÜV NORD GROUP begann im Jahr 2022. Als internationales Unternehmen und mit 82 Konzerngesellschaften beschäftigt die TÜV NORD GROUP über 14.000 Mitarbeiter weltweit. Innerhalb von zehn Monaten wurden über 16.500 Nutzungsstunden verzeichnet. 95 Prozent der befragten Mitarbeiter gaben an, dass ihre Erfahrung mit voiio die Attraktivität der TÜV NORD GROUP als Arbeitgeber erhöht hat.

voiio hat nachweislich einen positiven Einfluss auf die Zufriedenheit, Gesundheit und Arbeitgeberattraktivität: 45 Prozent der Benutzer fühlen sich gesünder und ausgeglichener, im Schnitt bewerben sich 14 Prozent mehr Menschen, mit Familie sowie Angehörige benachteiligter Gruppen und voiio steigert das Ansehen von Arbeitgebern innerhalb der eigenen Belegschaft um 87 Prozent.

Dieser Beitrag ist entstanden in Zusammenarbeit mit Björn Wind, CEO & Gründer von voiio GmbH. Mehr Informationen über das Angebot von voiio findest du auf: www.voiio.de (abgerufen am 14.02.2024). *Nimm bei Fragen gerne Kontakt auf mit Björn auf LinkedIn.*

Angeboten, darunter zahlreichen Vorträgen, Workshops, Kursen und Beratungsleistungen. [illegible] individuell und bedarfsorientiert [illegible] Produktivität und das Wohlbefinden von Mitarbeitern.

Kundenstimmen

[illegible]

[illegible]

[illegible]

11 Corporate-Happiness-Strategie – Happiness nachhaltig vorantreiben

Beginne damit, Erkenntnisse darüber zu gewinnen, was Arbeitsglück für deine Mitarbeiter bedeutet und was sie antreibt. Erstelle einen konkreten Plan, um das Wohlbefinden deiner Mitarbeiter in die Unternehmensstrategie zu integrieren. Wähle nicht Top-down-Maßnahmen mit begrenzter Wirkung, sondern konzentriere dich auf kleine Schritte und damit auf Maßnahmen, die leicht umsetzbar sind und den größten Einfluss haben.
Celine Lustig, Senior Corporate Happiness Expert, 2DAYSMOOD

Das Glücklichsein am Arbeitsplatz ist nicht nur ein erstrebenswertes Ziel, sondern auch ein entscheidender Erfolgsfaktor. Durch die Schaffung einer positiven Arbeitsumgebung, die Unterstützung des Wohlbefindens der Mitarbeiter und die Förderung einer Kultur des Arbeitsglücks können Organisationen das volle Potenzial ihrer Mitarbeiter entfalten. Das Priorisieren von Glück am Arbeitsplatz in einer Organisation ist ein kontinuierlicher Veränderungsprozess, kein isoliertes Projekt. Es ist eine nachhaltige Entwicklung in Richtung einer Unternehmenskultur, die konsequent auf Menschen, individuelle Bedürfnisse und Wohlbefinden setzt – eine Unternehmenskultur, in der diese Prinzipien täglich in den Unternehmenswerten, Verhaltensweisen und Praktiken von Führungskräften vorgelebt und von jedem Einzelnen gelebt werden.

Im ersten Teil dieses Buches haben wir uns der Frage gewidmet, **warum** jedes Unternehmen sich mit dem Arbeitsglück seiner Mitarbeiter auseinandersetzen sollte. In den letzten vier Kapiteln stand im Fokus, **wie** Arbeitsglück in Unternehmen gesteigert werden kann und **was** bewährte Praktiken und Methoden sind. Wir haben Ansatzpunkte zur Entwicklung einer Corporate-Happiness-Strategie beschrieben, und zwar für die Mitarbeiter, die Führungskräfte, die Unternehmensstruktur und die Unternehmenskultur.

In diesem abschließenden Kapitel stelle ich dir die besten Tools für die Umsetzung einer für das Unternehmen passende Corporate-Happiness-Strategie vor.

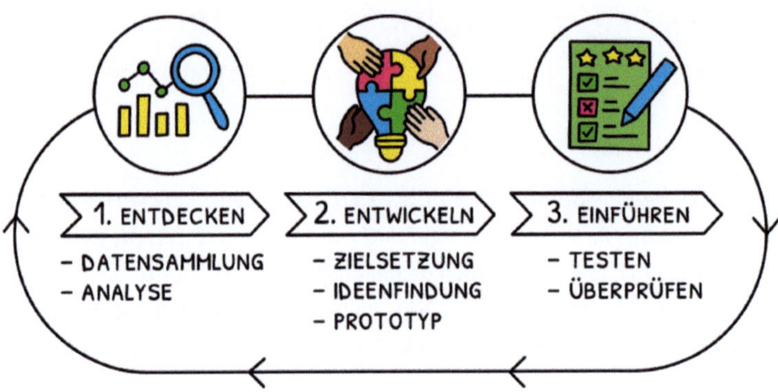

Happiness-Improvement-Plan (HIP)

Dieses Kapitel ist in drei Teile unterteilt, die jeweils einen Schritt im Happiness-Improvement-Plan beschreiben.

Zudem gehe ich auf die sieben zentralen, wichtigen Fragen zur Entwicklung und Umsetzung einer Corporate-Happiness-Strategie ein. Die sieben Fragen lauten:

1. Wie identifiziere ich den Bedarf für eine Corporate-Happiness-Strategie in meinem Unternehmen?
2. Welche Schritte unternehme ich, um eine Corporate-Happiness-Strategie zu entwickeln? Wo fange ich an?
3. Wie überzeuge ich das Topmanagement, die Corporate-Happiness-Strategie zu unterstützen und zu fördern?
4. Wie kann ich sicherstellen, dass alle Mitarbeiter in den Prozess der Entwicklung der Happiness-Strategie einbezogen werden?
5. Wie gehe ich mit Widerstand oder Skepsis gegenüber einer Corporate-Happiness-Strategie um?
6. Wie messe ich den Erfolg der implementierten Corporate-Happiness-Strategie?
7. Welche kontinuierlichen Aktivitäten sind erforderlich, um die langfristige Wirksamkeit der Happiness-Strategie sicherzustellen?

11.1 Entdecken

Bei der Entwicklung einer Corporate-Happiness-Strategie ist der erste Schritt die Analyse der Ist-Situation. Es geht darum, die aktuelle Unternehmenskultur zu verstehen und das Potenzial für mehr Arbeitsglück zu identifizieren. Dazu gehören die Analyse der Werte und Normen, die das Unternehmen definieren, sowie kritische Aspekte im Hinblick auf Arbeitsglück zu erkennen.

Um den Status quo zu erfassen, können Informationen und Daten aus verschiedenen Quellen gewonnen werden:

Kennzahlen und Umfrageergebnisse: Einblicke in die aktuelle Situation bieten folgende Kennzahlen: Fluktuationsrate, Krankheitstage, eNPS (vgl. Kapitel 2.4), durchschnittliche Betriebszugehörigkeit, Kundenzufriedenheit sowie Ergebnisse aus Mitarbeiterbefragungen.

Gespräche, Fokusgruppen und Interviews: Durch persönliche Gespräche mit verschiedenen Teams und Fokusgruppen wird das Gespräch über Arbeitsglück gestartet und so kann die aktuelle Situation gemeinsam analysiert werden. Zunächst empfehlt es sich, zusammen eine Definition für das Arbeitsglück zu formulieren.

Für eine weitere Diskussion sind die Fragen nach dem KISS-Prinzip eine gute Gesprächsgrundlage:

- Was behalten wir bei, da es bereits zum Arbeitsglück der Mitarbeiter beiträgt? (Keep)
- Welche bestehenden Maßnahmen oder Prozesse verbessern wir, um das Arbeitsglück zu steigern? (Improve)
- Welche Aspekte stellen wir ab, da sie aktuell dem Arbeitsglück schaden? (Stop)
- Welche Maßnahmen oder Ansätze führen wir neu ein, um das Arbeitsglück zu fördern? (Start)

Die frühzeitige Einbindung der Mitarbeiter in den Prozess trägt dazu bei, eine gemeinsame Sprache rund um das Glück am Arbeitsplatz zu schaffen und den Mindset für die Entwicklungs- und Einführungsphase vorzubereiten.

Vier Einflussbereiche: Mindset, Leadership, People und Culture. Durch eine Analyse der vier Einflussbereiche kann festgestellt werden, wo durch bewusstes Verhalten das Arbeitsglück aktuell gestärkt wird und wo nicht. Ein hilfreiches Analysetool sind dafür auch die Fragen aus dem KISS-Prinzip (siehe oben).

Happiness-at-Work-Umfragen (Kapitel 2.2 und 2.4): Anhand dieser Umfragen werden für die einzelnen Mitarbeiter, für ein Team als auch für das gesamte Unternehmen, das Arbeitsglück anhand verschiedener Faktoren gemessen.

Employee Experience: Mithilfe der Employee Journey Map (siehe folgende Abbildung) können alle Phasen der Employee Journey strukturiert bewertet werden. Die Employee Journey Map unterstützt dabei, aus der Sicht der Arbeitnehmer die wesentlichen Bedürfnisse und Schlüsselmomente in den verschiedenen Phasen der Mitarbeiterreise zu identifizieren und Schwachstellen sowie Potenziale aufzudecken.

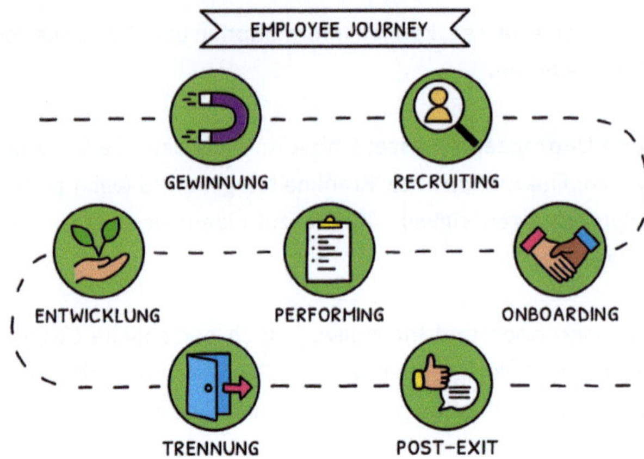

Die 6 Phasen der Employee Journey

PHASEN DER EMPLOYEE JOURNEY	GEWINNUNG	RECRUITING	ONBOARDING	PERFORMING	ENTWICKLUNG	TRENNUNG	POST-EXIT
SCHLÜSSEL-MOMENTE							
BEDÜRFNISSE							
EMOTIONEN							
SCHNITTSTELLEN							
PAIN POINTS							

Employee Journey Map. Du kannst die Vorlage in der FLORITIVE Toolbox downloaden über diesen QR-Code

Fünf Fragen über die strategische Einführung von Happiness at Work an Nancy Peeters, Gründerin von »Netwerk Werkgeluk« (Netzwerk Arbeitsglück) und ehemalige Projektleiterin für Glück bei der Stadtverwaltung Schagen in den Niederlanden.

1. **Was macht das »Netwerk Werkgeluk« genau und was war die treibende Kraft hinter der Gründung des Netzwerks?**

Netwerk Werkgeluk bringt Fachleute aus dem Bereich Arbeitsglück zusammen und stärkt ihre Verbindung. Mein Ziel für das Netzwerk ist sicherzustellen, dass die Mitglieder stets über die aktuellsten wissenschaftlichen Erkenntnisse im Bereich des Arbeitsglücks verfügen. Zudem diskutieren wir, wie dieses brandaktuelle Wissen in den eigenen Arbeitsbereich oder die eigene Organisation integriert werden kann. Unsere Mitglieder kommen aus verschiedenen Bereichen, es sind Führungskräfte, HR-Berater und auch Trainer und Coaches dabei. Diese Vielfalt ermöglicht es uns, in Fallstudien voneinander zu lernen und unterschiedliche Perspektiven einzubringen, was eine bereichernde Erfahrung ist.

Als ich selbst vor einiger Zeit in dem Bereich Arbeitsglück angefangen habe zu arbeiten, suchte ich nach Wissen und Beispielen, was sehr viel Zeit in Anspruch nahm. Ich stellte fest, dass wenig Wissen über Arbeitsglück geteilt wurde. Als ich dann bereits einige Erfahrung mit der strategischen Einführung von Arbeitsglück im Unternehmen hatte, habe ich gerne mein Wissen mit anderen geteilt. Das Interesse war so groß, dass ich bald Einladungen ablehnen musste, um meine eigene Arbeit noch erledigen zu können. Das hat mich berührt, da ich am Anfang selbst gerne mit jemandem gesprochen hätte, der mit mir seine Learned Lessons geteilt hätte. Ich erkannte schnell, dass die Menschen, die mich kontaktierten, auch voneinander lernen konnten, daher gründete ich das Netzwerk.

2. **Im Jahr 2015 traf die Stadtverwaltung Schagens als erste Stadt in den Niederlanden die Entscheidung, das Glück ihrer Einwohner bewusst in den Mittelpunkt zu stellen. Was waren die Hauptgründe für diese Entscheidung seitens der Stadt?**

Die Erkenntnis, dass wir als Regierung Einfluss auf das Glück der Bürger haben, ob wir es wollen oder nicht, war der Hauptantrieb. Es macht einen Unterschied, ob eine Regierung integer ist, ob Beamte gut ausgebildet sind und ihre Arbeit gut machen. Indem man nicht aktiv darauf hinarbeitet, das Glück der Menschen zu fördern, beeinflusst man indirekt möglicherweise deren Unglück. Wenn man sich von diesem Impakt bewusst ist, ist es fast unmoralisch, nicht danach zu handeln. In diesem Zusammenhang fanden wir es auch angemessen und notwendig, uns mit dem Arbeitsglück zu befassen. Denn wie kann man die Bürger gut bedienen, wenn die Mitarbeiter nicht glücklich sind? Dabei entstand immer mehr die Erkenntnis, dass es seltsam wäre, nicht mit dem Thema Arbeitsglück bei der Stadtverwaltung zu beginnen.

3. **Du bekamst die strategische Verantwortung für die Förderung des Glücks der Einwohner und Arbeitnehmer der Stadt. Wie hast du deine Rolle ausgefüllt und wie hast du es angefangen?**

Mein Titel war »Projektleiterin für Glück«. Eigentlich ist das ein seltsamer Begriff, denn der Aufbau von Glück für Einwohner und Mitarbeiter ist eher eine Entwicklung und ein Veränderungsprozess als ein Projekt. Aber der Begriff half bei der Akzeptanz, und das ist gut. Ich habe zunächst einen Plan erstellt, nachdem ich mir ein Bild davon gemacht habe, was notwendig ist. Es war mir wichtig, dass wir so viel wie möglich selbst tun würden. Zudem wollte ich erreichen, dass die Veränderungen von den Mitarbeitern selbst getragen werden. Das hat sich als erfolgreich erwiesen. Für den Teil des Projekts, der die Einwohner betraf, hatte ich eine Projektgruppe. Für den Bereich rund um das Arbeitsglück der Mitarbeiter hatte ich mit dem Gedanken, so viele Menschen wie möglich daran teilhaben und mitgestalten zu lassen, einen Aufruf in der Organisation gestartet, wer am Arbeitsglück mitarbeiten möchte. Ich hatte so viele Anmeldungen, dass ich ein diverses Team zusammenstellen konnte und um das Team herum eine Gruppe von Botschaftern, die eher eine beratende Rolle hatten. Wir haben mit dem Kernteam und den Botschaftern zunächst Wissen gesammelt. So haben wir zuerst mehr darüber gelernt, woran wir arbeiten würden. Nach und nach begannen wir zu erkennen, was zu unserer Organisation passt: Unsere Definition von Arbeitsglück, relevante Entwicklungen in der Organisation, an denen wir anknüpfen können, wo es bereits gut lief, wo wir uns verbessern konnten und welche Faktoren bei einer Messung wichtig sind.

4. **Wie habt ihr nach dieser gemeinsam erarbeiteten Analyse weitergemacht und welche konkreten Initiativen habt ihr ergriffen, um das Arbeitsglück der Mitarbeiter zu fördern?**

Wir haben uns bestehenden Initiativen angeschlossen, wie zum Beispiel der Anwendung von Lean-Methoden zur Prozessverbesserung. Das Verbessern von Prozessen gemeinsam mit Kollegen ist eine effektive Methode, um Arbeitsglück greifbar zu machen. Es gibt den Mitarbeitern innerhalb der vorgegebenen Arbeitsrichtlinien Handlungsspielraum (Autonomie) und ermöglicht es ihnen, das zu tun, worin sie gut sind. Auch fördert es die Verbundenheit mit den Kollegen und das Verständnis dafür, welche Bedeutung die eigene Arbeit hat.

Wir haben alle HR-Prozesse durchleuchtet und uns gefragt, wo wir Verbesserungen vornehmen können. So haben wir zum Beispiel in Zusammenarbeit mit einer Gruppe verschiedener Abteilungen und Funktionen das Konzept für die regelmäßigen Mitarbeitergespräche überarbeitet. Die Kernthemen wurden neu definiert und eine visuelle Sprechtafel entwickelt, anhand derer Mitarbeiter Gesprächsthemen und Entwicklungspunkte vorbereiten konnten.

Darüber hinaus haben wir kontinuierlich Gespräche geführt. Wir haben von Anfang an Führungskräfte in die Diskussion einbezogen, und uns gemeinsam die Frage gestellt, was Arbeitsglück eigentlich ist und wie es funktioniert. Es gab zudem Gesprächsrunden in Teams, um beispielsweise gemeinsam die Ergebnisse einer Arbeitsglück-Umfrage zu besprechen. Indem das Thema Arbeitsglück zur Sprache gebracht wurde, entstand ein besseres Verständnis für die persönlichen Treiber der Mitarbeiter und wie durch kleine Anpassungen bereits das Arbeitsglück verbessert werden konnte. Auch stärkten die Gespräche das Bewusstsein, dass die eigene Arbeit zum Glück der Einwohner beiträgt, was wiederum zu mehr Arbeitsglück führte.

5. **Welche positiven Ergebnisse konntet ihr erzielen? Und welche Learnings oder weitere Beobachtungen hast du gemacht?**

Wir haben rasch bemerkt, dass zunehmend mehr Mitarbeiter begeistert waren von dem, was wir taten. Das sorgte wiederum unter anderem für eine positive Ausstrahlung als Arbeitgeber: Wir erhielten enthusiastische und auch mehr Bewerbungen, sogar für schwer zu besetzende Stellen.

Am schönsten finde ich, dass wir das Gespräch über Arbeitsglück eröffnet haben: Die Aufmerksamkeit dafür bewirkt bereits viel. Das Bewusstsein, dass der Arbeitgeber sich wirklich und aufrichtig darum kümmert, wie es einem geht, hat eine positive Wirkung auf die Menschen.

Natürlich gab es auch Skeptiker. Im Laufe der Zeit konnten wir jedoch immer mehr Menschen für die Entwicklungen gewinnen, aber 100 Prozent wird man nie erreichen. Da muss man realistisch sein. Einige Menschen ziehen es vor, woanders zu arbeiten, und tun das auch. Persönlich stört es mich nicht. Ich verliere lieber einen Kollegen, weil er nicht damit einverstanden ist, dass die Organisation sich mit Arbeitsglück beschäftigt, als dass Kollegen gehen, weil sie nicht glücklich sind.

Mehr Informationen über das »Netwerk Werkgeluk« und eine Mitgliedschaft findest du auf: www.netwerkwerkgeluk.nl (abgerufen am 14.02.2024). *Nimm bei Fragen gerne Kontakt mit Nancy via LinkedIn auf.*

11.2 Entwickeln

Durch eine gezielte Analyse gewinnen Unternehmen ein umfassendes Verständnis für ihre aktuelle Situation und können darauf basierend geeignete Schritte zur Verbesserung des Arbeitsglücks ableiten.

In der dann folgenden Entwicklungsphase wird zunächst die Sollsituation definiert. Dabei wird festgelegt, welche Veränderungen in der Unternehmenskultur angestrebt werden und wie sich diese Veränderungen nach außen sowie nach innen sichtbar manifestieren sollen. Konkrete Ziele werden formuliert, und es werden Maßnahmen definiert, um diese Ziele zu erreichen.

Beispiel: Entdecken – Entwickeln – Einführen

In der ***Entdeckungsphase*** wird das Arbeitsglück der Mitarbeiter als durchschnittlich gemessen, während Stressniveaus und Fluktuationsraten als sehr hoch gemessen werden. Durch Gespräche mit Fokusgruppen stellt sich heraus, dass die Haupttreiber für das Arbeitsglück in der Organisation die persönliche Balance und soziale Verbundenheit sind.

In der ***Entwicklungsphase*** wird das Ziel gesetzt, die Fluktuationsrate innerhalb von einem Jahr um 20 Prozent zu verbessern und das individuelle Stressniveau um 50 Prozent zu reduzieren. Mit einer repräsentativen Fokusgruppe werden Maßnahmen diskutiert, um diese Ziele zu erreichen. Es wird beschlossen, die Arbeits-E-Mails zwischen 17 Uhr und 8 Uhr zu blockieren, Manager in »Stressgesprächen« mit ihren Mitarbeitern zu schulen und »Focus Fridays« einzuführen, an denen keine Besprechungen stattfinden. Die Maßnahmen werden in einem Prototyp zusammengefasst.

In der ***Einführungsphase*** werden die Maßnahmen zunächst sechs Monate in drei Teams als Pilot implementiert. Nach drei Monaten und nach sechs Monaten werden das Arbeitsglück, die Stressniveaus und die Fluktuationsraten in diesen Teams gemessen und evaluiert. Bei Verbesserung wird entschieden, die Maßnahmen im ganzen Unternehmen zu implementieren.

Auch in der Entwicklungsphase ist es ratsam, die Mitarbeiter aktiv einzubeziehen. Einerseits schafft das eine Möglichkeit für Innovation und Kreativität, was sich positiv auf das Arbeitsglück auswirkt. Andererseits bietet es die Gelegenheit, frühzeitig Zustimmung und Akzeptanz für Veränderungen zu gewinnen. Bei der Bildung von Innovationsteams zur Diskussion von Glücksinitiativen sollte jedem die Möglichkeit gegeben werden, sich anzuschließen. Personen, die aus Interesse oder Leidenschaft teilnehmen, neigen dazu, außerhalb des Innovationsteams zu Botschaftern für den Rest der Organisation zu werden und andere mit ihrer Begeisterung anzustecken.

Es ist hilfreich, einen Prototyp (Vorlage in der folgenden Abbildung) basierend auf den festgelegten Zielen und Maßnahmen zu erstellen. Der Prototyp dient als Leitfaden für das Testen der Maßnahmen in einer Pilotgruppe während der Einführungsphase.

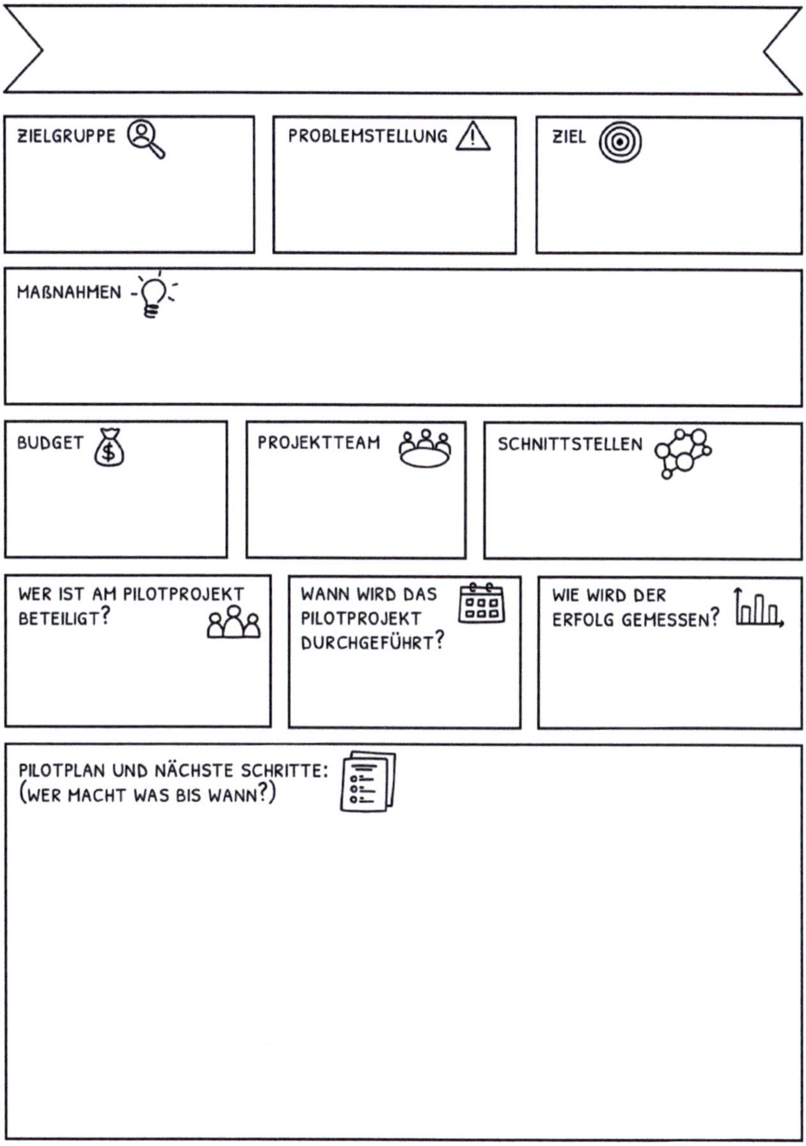

ZIELGRUPPE

PROBLEMSTELLUNG

ZIEL

MAẞNAHMEN

BUDGET

PROJEKTTEAM

SCHNITTSTELLEN

WER IST AM PILOTPROJEKT BETEILIGT?

WANN WIRD DAS PILOTPROJEKT DURCHGEFÜHRT?

WIE WIRD DER ERFOLG GEMESSEN?

PILOTPLAN UND NÄCHSTE SCHRITTE: (WER MACHT WAS BIS WANN?)

Vorlage Prototyp. Download der Vorlage aus der FLORITIVE Toolbox über den nachfolgenden QR-Code.

Das Topmanagement als Unterstützer gewinnen

In meiner Arbeit mit Unternehmen werde ich oft gefragt, welche Argumente ich habe, um das Topmanagement für die Corporate-Happiness-Strategie zu gewinnen. Hier sind einige wirksame Argumente:

1. **Wirtschaftliche Vorteile und Evidenz:** Präsentiere den positiven Einfluss von Arbeitsglück auf KPIs wie Krankheitstage, Fluktuation, Produktivität und Unternehmenserfolg. Gleiche diese mit aktuellen Daten aus dem Unternehmen ab.
2. **Verbindung zur Unternehmensstrategie:** Zeige, wie die Happiness-Strategie nahtlos in die übergeordneten Unternehmensziele integriert werden kann.
3. **Erfolgreiche Fallbeispiele:** Teile Beispiele anderer Unternehmen oder erfolgreiche Pilotprojekte im eigenen Unternehmen und hebe erzielte Erfolge hervor.
4. **Einbindung des Topmanagements:** Betone die aktive Rolle des Topmanagements als Sponsor und in der Umsetzung der Happiness-Strategie. Fördere die Teilnahme am Impulsvortrag über Arbeitsglück und in einer Fokusgruppe.
5. **ROI (Return on Investment):** Führe eine detaillierte Analyse des erwarteten Returns on Investment durch, um langfristige wirtschaftliche Vorteile zu verdeutlichen. Rechne aus, was unglückliche Mitarbeiter das Unternehmen kosten.

Fünf Fragen über das interne Happiness-Committee an Ole Wohler und Anique Hoffmann, Mitglieder des Happiness-Committees der FRONT ROW Group, eine internationale Onlinemarketinggruppe mit deutschem Sitz in Hamburg.

1. **Warum wurde das Happiness-Committee ins Leben gerufen? Und wer sind die Mitglieder?**

Das Happiness-Committee wurde ins Leben gerufen, weil das Unternehmen ein starkes Wachstum erlebte und die Unternehmenskultur weiterhin positiv gestaltet werden sollte. Mit der steigenden Mitarbeiterzahl war es wichtig, den persönlichen Kontakt zu fördern und sicherzustellen, dass sich alle Mitarbeiter wohlfühlen und ihre Bedürfnisse gehört werden. Das Komitee wurde als Möglichkeit gesehen, die Stimme der Mitarbeiter zu repräsentieren und für ein glückliches Arbeitsumfeld zu sorgen.

Vor der Gründung des Komitees gab es zwar bereits einige Initiativen zum Mitarbeiterglück, aber es fehlte eine strukturierte Plattform, um die Anliegen der Mitarbeiter systematisch zu erfassen und umzusetzen. Mit dem Happiness-Committee wurde eine offizielle Instanz geschaffen, die sich gezielt um das Wohlbefinden der Mitarbeiter kümmert.

Die Mitglieder, bestehend aus engagierten Mitarbeitern verschiedener Abteilungen wie Marketing, Personal, Kundenservice und Technologie, teilen die gemeinsame Motivation, das Wohlbefinden der Mitarbeiter zu fördern und eine positive Arbeitskultur zu schaffen, indem sich jeder Mitarbeiter geschätzt fühlt und unterstützt wird.

2. **Was macht das Happiness-Committee genau?**

Die Erwartungen an das Happiness-Committee sind, dass es als Vermittler zwischen den Mitarbeitern und dem Management fungiert und innovative Ideen zur Förderung des Wohlbefindens einbringt. Das Committee erarbeitet Lösungen, die sowohl für die Mitarbeiter als auch für das Unternehmen von Vorteil sind.

Durch das Happiness-Committee wollen wir auf der einen Seite Mitarbeiter dazu aufrufen, proaktiv das Wohlbefinden im Job mitzugestalten. Es fungiert als Plattform, auf der Mitarbeiter ihre Anliegen und Ideen äußern können. Auf der anderen Seite steht das Happiness-Committee als »Vertrauensorgan« für alle zur Verfügung. Wir setzten uns als Happiness-Committee aktiv mit verschiedenen Themen auseinander, darunter die Förderung der Work-Life-Balance, die Einführung von Weiterbildungsmöglichkeiten, die Schaffung eines positiven Arbeitsumfelds und die Unterstützung sozialer Projekte.

3. **Wie greifen die Mitarbeiter das Happiness-Committee auf? Wie nehmen sie das Angebot wahr?**

Die Mitarbeiter nehmen das Happiness-Comittee sehr positiv auf. Sie schätzen die Möglichkeit, ihre Anliegen und Ideen einzubringen und wissen, dass ihre Meinung ernst genommen wird. Die Offenheit des Komitees und die transparente Kommunikation sorgen dafür, dass die Mitarbeiter Vertrauen haben und sich mit ihren Anliegen an uns wenden.

Unsere Feedbackformulare werden häufig genutzt und wir erhalten auch regelmäßig persönliche Anfragen und Ideen während unserer »Meet-Ups«. Die Mitarbeiter wissen, dass das Komitee für sie da ist und sich für ihr Wohlbefinden einsetzt, und das schafft eine positive Atmosphäre im Unternehmen.

4. **Was habt ihr bisher gemacht und welche aktuellen Projekte führt das Happiness-Committee durch? Mit welchen Anliegen werdet ihr am häufigsten konfrontiert?**

Das Happiness-Committee hat bisher verschiedene Initiativen umgesetzt, darunter flexible Arbeitszeiten, Gesundheitsförderungsmaßnahmen und Unterstützung sozialer Projekte. Aktuell arbeitet das Komitee an einem Blutspendeprogramm, einem »Social Engagement Day« und der Optimierung des Onboardingprozesses. Häufige Anliegen betreffen Work-Life-Balance, Gesundheitsförderung und interne Kommunikation oder auch Fragen zur Integration neuer Mitarbeiter und Maßnahmen zur Mitarbeitermotivation.

5. **Welche wichtigen Erkenntnisse zum Arbeitsglück habt ihr in eurer bisherigen Zeit im Happiness-Committee gewonnen?**

In unserer Zeit im Happiness-Committee haben wir viel über die Bedürfnisse und Wünsche der Mitarbeiter gelernt. Es ist wichtig, aktiv zuzuhören und Feedback ernst zu nehmen, um passende Maßnahmen umzusetzen. Wir haben erkannt, dass es nicht immer eine Lösung für alle gibt und, dass es wichtig ist, individuelle Bedürfnisse zu berücksichtigen.

Ein weiteres Learning ist die Bedeutung der Zusammenarbeit mit anderen Abteilungen und dem Management. Nur durch eine enge Zusammenarbeit können wir effektive Lösungen erarbeiten und umsetzen. Auch die transparente Kommunikation und das Teilen von Informationen sind entscheidend, um das Vertrauen der Mitarbeiter zu gewinnen und zu behalten.

Mehr Informationen über FRONT ROW? www.frontrowgroup.de (abgerufen am 14.02.2024). *Falls du mehr über das Happiness-Committee wissen möchtest, kannst du Ole oder Anique gerne auf LinkedIn kontaktieren.*

11.3 Einführen

Wenn entschieden wird, bestimmte strukturelle Veränderungen einzuführen, können verschiedene Maßnahmen ergriffen werden, um eine nachhaltige Verankerung in der Unternehmenskultur zu fördern.

Es ist wichtig, die Mitarbeiter auch in der Einführungsphase systematisch einzubeziehen. Dabei sollte auf die Gefühle, Gedanken und Wünsche der Mitarbeiter im Veränderungsprozess geachtet und entsprechend reagiert werden. Anpassungen in der Vorgehensweise und Ausführung sind bei Bedarf vorzunehmen.

Tipp: Widerstand oder Skepsis begegnen

Im Folgenden zeige ich dir fünf Tipps, wie du Widerstand oder Skepsis gegenüber einer Corporate-Happiness-Strategie begegnen kannst.

1. **Transparente Kommunikation:** Erkläre klar die Ziele und Vorteile der Corporate-Happiness-Strategie.
2. **Zu Partizipation einladen:** Beteilige Mitarbeiter aktiv am Entwicklungsprozess und berücksichtige ihre Bedenken.
3. **Evidenzbasierte Argumente:** Präsentiere Daten über positive Auswirkungen von Glück am Arbeitsplatz.
4. **Individuelle Bedürfnisse ansprechen:** Zeige, wie die Strategie individuelle Bedürfnisse und Wohlbefinden berücksichtigt.

5. **Kleine Erfolge betonen:** Starte mit kleinen, einfach umsetzbaren Maßnahmen und betone positive Ergebnisse.

Die enge Zusammenarbeit mit dem Führungsteam sollte fortgesetzt werden. Die Unterstützung der Führungskräfte für die Veränderungen ist entscheidend. Diese sollten stets vollständig über den Fortschritt informiert sein und diesen aktiv befürworten. Es ist ratsam, Schulungen für Führungskräfte durchzuführen, damit diese die Veränderungen vorleben können.

Regelmäßige Kommunikation spielt in der Einführungsphase auch eine zentrale Rolle. Die Bedeutung der Veränderungen sollte regelmäßig mitgeteilt und die Gründe hierfür wiederholt werden. Offene und häufige Kommunikation fördert das Verständnis aller Mitarbeiter für die Vorgänge in der Organisation. Aktualisierungen sollten regelmäßig erfolgen, um das Team über die Auswirkungen der Strategie und etwaige Veränderungen auf dem Laufenden zu halten. Erfolge sollten öffentlich geteilt und gefeiert werden.

Business Case: Urban Sports – Die Wellbeing-Strategie

Urban Sports Club ist das größte und flexibelste Flatrate-Sportangebot mit über 50 Sportarten und mehr als 10.000 Partnerstandorten in ganz Europa. Mit Hauptsitz in Berlin und zusätzlichen 6 Büros in Europa besteht das Team des Urban Sports Club aus über 300 Mitarbeitern.

Unternehmensmission und Werte

Die Mission von Urban Sports Club ist es, Individuen wie Unternehmen dafür zu begeistern und zu befähigen, eine inspirierende Kultur des Wellbeing zu schaffen und zu fördern. Das vielfältige Sport- und Wellnessangebot spielt eine Schlüsselrolle innerhalb dieser neuen Kultur, in der die physische und mentale Gesundheit der Menschen stets Priorität hat.

Besonders in Zeiten wirtschaftlicher Herausforderungen durch die Pandemie hat Urban Sports Club seine Mission verstärkt, um eine positive Unternehmenskultur in Deutschland und anderen europäischen Märkten zu fördern. Die Investition in das Wellbeing der Mitarbeiter ist ein essenzieller Bestandteil der Unternehmenskultur.

Besonderer Fokus: Employee Wellbeing Journey

Urban Sports Club hat einen besonderen Fokus auf Wellbeing, der sich durch die Employee Wellbeing Journey manifestiert. Die Employee Wellbeing Journey wurde 2022 eingeführt und basiert auf sechs Säulen: Purpose, Financial, Career, Physical, Emotional und Social Wellbeing.

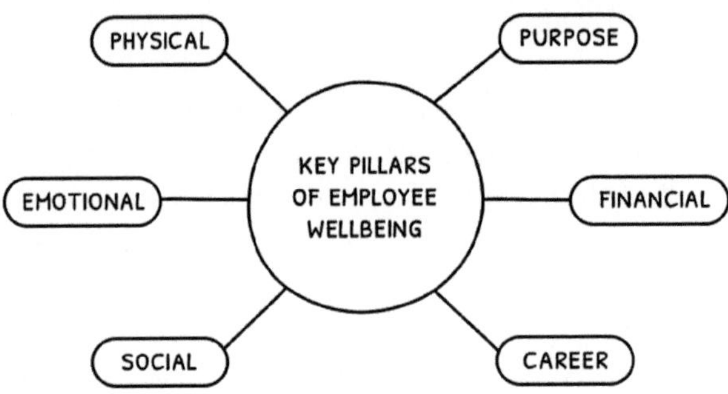

Durch gezielte Maßnahmen strebt das Unternehmen danach, ein aktives und gesundes Leben für seine Mitarbeiter zu ermöglichen. Financial Wellbeing bedeutet beispielsweise Chancengleichheit und transparente Gehälter, wobei Physical Wellbeing für gesunde Ernährung, Schlaf und Bewegung steht.

Eine wichtige erste Grundlage der Wellbeing-Strategie war die Entwicklung eines Competence Frameworks das maßgeblich auf den Career-Aspekt einzahlt.

Es werden im Competence Framework drei Teilbereiche unterschieden:

1. Rollenspezifische Kompetenzen. Sie basieren auf den Aufgaben, die in den jeweiligen Stellenbeschreibungen für jede Rolle aufgeführt sind. Darüber hinaus werden allgemeine Anforderungen definiert, die für alle Mitarbeiter unabhängig von ihrer spezifischen Rolle gelten.
2. Prinzipien zur Zusammenarbeit (Collaboration Principles). Sie sind integraler Bestandteil der Employee Journey und werden vom Employer Branding über das Onboarding bis zu Feedbackprozessen und Performancegesprächen genutzt.
3. Leadership-Prinzipien (Leadership Principles). Sie beschreiben die Anforderungen an Führungskräfte und ihre Rolle bei der Leitung der Organisation.

Wirksamkeit und Feedback

Die Einführung des Competence Frameworks wurde von den Mitarbeitern sehr positiv aufgenommen, wobei die Möglichkeit zur Mitgestaltung als Erfolg verbucht wird. Die Prinzipien der Zusammenarbeit wurden durch Workshops mit der gesamten Organisation entwickelt. Die Leadership-Prinzipien entstanden durch ein Bottom-up-Verfahren, bei dem sowohl Führungskräfte als auch Mitarbeiter ohne Personalverantwortung befragt wurden. Die Workshops waren stark besucht, und die Organisation identifiziert sich stark mit den Prinzipien des Competence Frameworks. Diese Maßnahmen haben nicht nur zu einer gesteigerten Mitarbeiterzufriedenheit beigetragen, sondern auch dazu, dass die

Wellbeing-Kultur fest im Unternehmen verankert ist. Das Feedback der Mitarbeiter verdeutlicht, dass Urban Sports Club erfolgreich eine positive Veränderung in der Unternehmenskultur geschaffen hat, indem es Wellbeing in den Mittelpunkt seiner Strategie gestellt hat.

Dieser Beitrag ist entstanden in Zusammenarbeit mit Sandra Strauss, Chief People Officer beim Urban Sports Club. Mehr Informationen zum Urban Sports findest du auf: www.urbansportsclub.com (abgerufen am 14.02.2024)

12 Über die Interviewpartner

Zum Abschluss lasse ich diejenigen noch einmal zu Wort kommen, die durch ihren spannenden Input dieses Buch bereichert haben. 25 Wissenschaftler, Gründer, Führungskräfte aus der Wirtschaft, Kulturbotschafter, Verantwortliche für Personal und Unternehmenskultur sowie europäische Experten haben durch ihre Beiträge, Fallstudien und Erfahrungen die verschiedenen Themen im Buch mit Leben gefüllt. In diesem letzten Kapitel teilen sie allen ihre Antwort mit auf die Frage:

Was bedeutet »Happiness at Work« für dich persönlich?
In den Gesprächen und Interviews habe ich alle außerdem gebeten, folgende Frage zu beantworten:

Was möchtest du den Lesern dieses Buch gerne mitgeben?
Am Anfang jedes Kapitel dieses Buches habt ihr bereits verschiedene inspirierenden Antworten auf diese letzten Fragen lesen können. Die restlichen Antworten findet ihr hier auch noch in diesem Kapitel.

12.1 Die Wissenschaftler

PROF. DR. RICARDA REHWALDT

DR. TIMO LORENZ

LAURA GIURGE, PHD

Prof. Dr. Ricarda Rehwaldt, Professorin für Psychologie – Für mich persönlich entsteht Happiness at Work, wenn ich die Begeisterung meiner Mitarbeitenden spüre, ein Engagement das von Herzen kommt, kombiniert mit einer wirklich vertrauensvollen und menschlich zugewandten Arbeitsatmosphäre. Um das zu erreichen, arbeiten wir stärkenorientiert und erkennen nicht nur die beruflichen Leistungen an, sondern nehmen uns auch Zeit für die persönliche Komponente, wir feiern gerne Erfolge und haben einfach viel Humor im Team. Gleichzeitig werden persönliche Bedürfnisse berücksichtigt, sei es in Bezug auf Arbeitszeiten, Arbeitsumfang oder persönliche Präferenzen. Ganz besonders wichtig ist mir das persönliche Wachstum der Mitarbeitenden, denn es gibt für mich nichts Schöneres als den Stolz in den Augen der Kollegen zu sehen, wenn eine neue Herausforderung gemeistert wurde.

Dr. Timo Lorenz, Juniorprofessor für Arbeits- und Organisationspsychologie – »Happiness at Work« bedeutet für mich Glück und die Zufriedenheit im beruflichen Alltag. Es umfasst verschiedene Aspekte, darunter die Möglichkeit, sinnvolle Arbeit zu leisten, gute Beziehungen zu haben, mein Talent nutzen zu können, berufliche Entwicklungsmöglichkeiten zu erhalten, finanzielle Sicherheit und eine ausgewogene Balance zwischen den einzelnen Lebensdomänen aufrechtzuerhalten.

Laura Giurge, PhD, Assistant Professor – Glück bei der Arbeit ist für mich vielschichtig und umfasst eine Vielzahl von Dingen, angefangen von bedeutungsvollen Interaktionen über das Helfen anderer bis hin zum Fortschritt bei meinen Hauptzielen.

> Achte darauf, wie sich dein Verhalten nicht nur auf dich selbst, sondern auch auf andere um dich herum auswirkt.

12.2 Die Gründer und Pioniere

PATRICK HÜTER
EXPEDITION GESUNDES UNTERNEHMEN

BJÖRN WIND
VOIIO GMBH

JULIA NEUEN
PEACHES

ANDREAS SLOTOSCH
BEEKEEPER

Patrick Hüter, co-Founder, Expedition gesundes Unternehmen – Für mich bedeutet Happiness at Work, gerne zur Arbeit zu gehen und Spaß am Arbeiten zu haben. Klar, vielleicht eine Standardaussage. Ich will es konkreter machen: Spaß an der Arbeit zu haben, äußert sich für mich daran, nicht sonntagabends ein ungutes Bauchgefühl zu haben, montags arbeiten zu müssen oder nur von Wochenende zu Wochenende zu leben. Noch schlimmer: von Urlaub zu Urlaub. Außerdem sollte der Arbeitsplatz ein Ort des Wohlfühlens und eine Quelle der Gesundheit und nicht der Krankheit sein. Schließlich verbringen wir sehr viel Lebenszeit am Arbeitsplatz.

> *Jeder sollte das tun, für was er oder sie brennt. Achte darauf, dass du selbst, aber auch deine Teammitglieder gerne zur Arbeit gehen und die persönlichen Bedürfnisse im Fokus stehen. Wenn du in einer leitenden Position bist: Gib*

deinen Beschäftigten etwas zurück. Sorge dafür, dass deine Beschäftigten gesund bleiben, schließlich ist es nicht nur deine Pflicht als Arbeitgeber, sondern auch dein Beitrag zur Gesellschaft.

Björn Wind, CEO & Gründer, voiio GmbH – Wenn Glück für manche ein erfülltes Familienleben, für andere eine steile Karriere und für wieder andere eine gute körperliche und psychische Gesundheit bedeutet oder sich diese und weitere Wünsche überschneiden, wird schnell klar: Es gibt kein einheitliches Rezept für das individuelle Glück. Denn alle Menschen sind einzigartig. Dennoch bin ich überzeugt, dass es Rahmenbedingungen gibt, die Unternehmen schaffen können, um ihren Mitarbeitern zu ermöglichen, ihr persönliches Glück im beruflichen Kontext zu finden. Die Bandbreite an verfügbaren Maßnahmen ist breit, wie wir bei voiio selbst zeigen. Aber eine harmonische Unternehmenskultur, auf der das Glück im beruflichen Kontext in meinen Augen maßgeblich fußt, basiert auch auf einer klaren Vision, gemeinsamen Werten, effektiver Kommunikation, geeigneten Strukturen und Systemen. Diese Elemente schaffen die Grundlage für ein Arbeitsumfeld, in dem Mitarbeitende ihr individuelles Glück finden können.

Wenn du dieses Buch liest, möchte ich dir Folgendes mitgeben: Sei mutig und bereit, Veränderungen anzunehmen, wenn deine berufliche Situation nicht zu deinem Glück beiträgt. Reflektiere über deine Ziele, Werte und Leidenschaften und finde Wege, wie du deine Arbeit in Einklang mit diesen bringen kannst. Suche nach einem Arbeitsumfeld, das deine Lebensqualität und dein Wohlbefinden fördert, denn Glück in der Arbeitswelt ist kein Luxus, sondern eine entscheidende Grundlage für ein erfülltes Leben.

Julia Neuen, CEO & Gründer, peaches – Für mich bedeutet Happiness at Work, einen Platz gefunden zu haben, an dem ich mich entfalten kann. Einen Platz, an dem ich meine Schwächen nicht verstecken muss und an dem meine Stärken gefördert werden. Wo ich als Mensch gesehen werde und nicht als Leistungsmaschine. Es bedeutet aber für mich auch, wachsen zu dürfen und aus Fehlern zu lernen.

Such dir einen Arbeitgeber, dessen Werte du teilst und dessen Kultur du schätzt. Dies sind wichtige Voraussetzungen, um glücklich sein zu können. Viele Menschen vergessen, dass sie nicht an einen Arbeitgeber gefesselt sind, und haben Sorge vor Veränderung. Damit verschwenden sie wichtige Jahre ihres Lebens und ihrer Karriere in einem falschen Umfeld. Da Arbeit ein so bedeutsamer Teil unseres Lebens ist, ist Freude bei der Arbeit zugleich auch wichtig für unsere eigene Balance.

Andreas Slotosch, Chief Growth Officer & Co-Founder, Beekeeper – Von Tag eins war unser Ziel, ein Unternehmen aufzubauen, eine Kultur zu schaffen, in der wir selber gerne arbeiten. Ein Umfeld zu kreieren, in dem Arbeiten Spaß macht und das zu Hochleistungen anregt. Die Kombination aus Spaß und Leistung ist was für mich persönlich »Happiness at Work« ausmacht.

Einer unseren Leitsätzen ist: »Wir glauben an das Potenzial jedes einzelnen Mitarbeiters«. Mit dieser Grundeinstellung hat man schon einen ersten Schritt getan, eine motivierende Arbeitsumgebung zu schaffen, die ganz essenziell für den Unternehmenserfolg ist. Nur wenn sich Mitarbeiter ehrlich wertgeschätzt fühlen, kann man nachhaltig für »Happiness at Work« sorgen.

12.3 Die Führungskräfte und positive Kulturbotschafter

FLORIAN SAGER
BONOS.IO

NASTASIA DEININGER
FLORITIVE

PHILIPP AYE
ROBERT BOSCH

SMARO SIDERI
FACHANWÄLTIN FÜR ARBEITSRECHT

OLE WOHLER
FRONT ROW GROUP

ANIQUE HOFFMANN
FRONT ROW GROUP

Florian Sager, Bonos.io – Für mich persönlich bedeutet »Happiness at Work«, dass Arbeit mehr als Einkommenssicherung ist. Der Arbeitsplatz bildet bei mir den Lebensmittelpunkt, da ich den Großteil der Zeit eines Wochentages in der Arbeit verbringe. Aus diesem Grund bedeutet für mich »Happiness at Work«, Raum und Gehör für meine Meinung, Vorstellungen und Arbeitsweisen zu haben.

Nastasia Deininger, FLORITIVE – Happiness at Work setzt für mich aus der Abwesenheit von Störfaktoren und der Anwesenheit von glücksfördernden Faktoren im Arbeitskontext zusammen. Finanzieller Stress, allgemeiner Stress, Ego-Kämpfe,

Respektlosigkeit und Lästereien sind für mich bedeutende Störfaktoren, die zur inneren Kündigung führen können. Positive Interaktionen mit Kollegen und Kunden, die ein gutes Gefühl hinterlassen, sind dagegen für mich Grundpfeiler von Happiness at Work. Mein idealer Beruf steht im Einklang mit meinen persönlichen Werten, kann ich moralisch vertreten, bietet Entwicklungsmöglichkeiten und persönliche Freiheit durch flexible Arbeitszeiten sowie eine Anpassung der Arbeit an mein Leben und nicht andersherum. Sind all diese Faktoren nicht in positiver Balance, kommt es früher oder später zu einem Ungleichgewicht, bei dem sowohl Arbeitgeber als auch Arbeitnehmer Schaden nehmen. Happiness at Work ist für mich das Gegenteil davon – ein funktionierendes System.

Happiness/Lebensglück ist kein abstruses, komplexes Konzept, sondern ein tägliches Mindset und eine Sprache im Umgang mit mir selbst und anderen. Ich erfahre es, wenn ich mir und anderen die Chance gebe, mein authentisches Selbst auszuleben oder Liebe verschenke. Es ist ein liebes Wort, ein Lächeln, eine positive Selbstaffirmation oder der Duft von warmem Kaffee am Morgen. Es sind all die Dinge, die unser Herz zum strahlen bringen. Es sind die Dinge, die HEUTE zu meinem Lieblingstag machen. Ich hoffe, dieses Buch hilft dir, lieber Leser, jeden deiner Tage, egal ob Arbeitstag oder nicht, zu deinem Lieblingstag zu machen. Das ist für mich der Inbegriff von Happiness at Work.

Smaro Sideri, Fachanwältin für Arbeitsrecht und Podcasthost »Attraktive Arbeitgeber« – Happiness at Work bedeutet für mich Arbeit als einen wichtigen und positiven Bereich unseres Lebens zu verstehen, der uns erfüllt und uns in unserer Entwicklung unterstützt und im besten Fall mehr Energie gibt als er nimmt.

Philipp Aye, Robert Bosch – Ich teile nicht nur zu 100 Prozent die Bosch-Werte, sondern bin auch begeistert von den zehn »We LEAD Bosch«-Prinzipien, die die Grundlage für unser Verständnis von Zusammenarbeit und Führung darstellen. In diesen Prinzipien finden sich Begriffe, die für mich »Happiness at Work« bedeuten: Values, Purpose, Passion, Autonomy, Openness, Feedback, Trust, Respect und Empathy um nur einige zu nennen.

Mache den Unterschied. Sei die Veränderung, die du sehen möchtest. Sei mutig. Sei ein Vorbild.

Ole Wohler, Front Row Group – Happiness at work bedeutet für mich, sonntags abends ohne Bauchschmerzen ins Bett zu gehen, weil ich die Herausforderungen der kommenden Woche als machbar betrachte. Das wird zwar herausfordernd, aber ich kriege das irgendwie hin und ich weiß, dass das Team immer auch da ist und dass ich mich immer an sie wenden kann.

Wenn eine Firma wächst, wird auch das Grundrauschen lauter. Wichtig ist dabei die Möglichkeit, für Feedback auf Augenhöhe. Es ist wichtig, nicht den Überblick zu verlieren, niemanden aus den Augen zu verlieren und individuell zu schauen, was die Mitarbeiter glücklich macht.

Anique Hoffmann, Front Row Group – Happiness at Work bedeutet für mich Freiheit von Micromanaging und starren Arbeitszeiten. Persönliche Freiheit zu haben, ist mir extrem wichtig und erlaubt es mir, meinen Tag nach meinem Rhythmus zu gestalten, sei es mit längeren Mittagspausen oder spontanen Auszeiten in der Sonne.

Seid offen für Neues, schafft Vertrauen und Budget für kreative Ideen. Gewährt Freiheit und investiert mutig in innovative Projekte, auch wenn sie unkonventionell erscheinen. Verbessert die Arbeitsumgebung, zum Beispiel durch Initiativen eines Happiness Committees oder ungewöhnliche Arbeitsorte wie ein Sommerbüro in Lissabon. Diese Investitionen zahlen sich in Mitarbeiterzufriedenheit und langfristigem Erfolg aus.

12.4 Die europäischen »Happiness at Work«-Experten

NANCY PEETERS
NIEDERLANDE

ALEXANDER KJERULF
DÄNEMARK

AURELIE LITYNSKI
SCHWEIZ

GRIET DECA
BELGIEN

CELINE LUSTIG
NIEDERLANDE

MICHAL ŠRAJER
TSCHECHIEN

ORIANA TICKELL
MEXIKO

VIK KUMAR
VEREINIGTES KÖNIGREICH

Nancy Peeters, Niederlande – Happiness at Work ist für mich äußerst wichtig, nicht nur, weil wir einen großen Teil unserer Zeit bei der Arbeit verbringen, sondern auch, weil die Arbeit einen erheblichen Einfluss auf unser Leben hat. Organisationen, Führungskräfte und Kollegen können gemeinsam eine Umgebung schaffen, in der Menschen gedeihen, sich entwickeln und sich wohlfühlen können. Oder sie können das

Leben von jemandem völlig ruinieren. Denn wir trennen Arbeit und Arbeitsglück manchmal zu Unrecht vom Rest unseres Lebens und Glücks. Als Mensch sind wir ein Ganzes. Wie du dich bei der Arbeit fühlst, wirkt sich auf dich als Person aus und umgekehrt. Arbeitsglück ist nicht speziell wichtiger als die Zufriedenheit oder das Glück in deinem gesamten Leben. Aber die Aufmerksamkeit für das Glück bei der Arbeit ist eine praktische Möglichkeit, einen positiven Unterschied im Leben der Menschen zu machen, weil wir dort bereits in Gruppen zusammen sind.

Such nach wissenschaftlichen Erkenntnissen, übersetze diese zusammen mit den Mitarbeitern auf eure eigene Situation. Probier aus, verbessere und bleib vor allem ehrlich bezüglich deiner Absichten.

Alexander Kjerulf, Dänemark – Persönlich würde ich niemals einen Job machen, den ich nicht mag. Ich kann es mir einfach nicht vorstellen. Ein Grundwert für mich ist, dass ich Freude an dem habe, was ich tue, besonders wenn es etwas ist, für das ich so viel Zeit aufwende, wie es bei der Arbeit der Fall ist.

Aurelie Litynski, Schweiz – Ich bin in meiner Arbeit am besten, wenn ich im Flow bin, wenn ich ein Gefühl der Zugehörigkeit zu den Menschen habe, mit denen ich arbeite, und wenn ich herausgefordert werde und Anerkennung für meine Arbeit erhalte.

Fang bei dir selbst an. Erkenne, dass dein Glück deine eigene Verantwortung ist und du viele kleine Dinge tun kannst, um dein Glücksniveau am Arbeitsplatz zu steigern. Das wird dann eine positive Auswirkung auf dein Umfeld haben. Es ist ein schrittweiser Prozess.

Griet Deca, Belgien – Als Chief Happiness, Keynote Speaker, Autor, Trainer und Coach habe ich eine »2 Millimeter-Mission«: Ich möchte sicherstellen, dass du nach deinem Arbeitstag mit einem um 2 Millimeter angehobenen Mundwinkel nach Hause zurückkehrst. Dies wird nicht nur deine Stimmung positiv beeinflussen, sondern auch deine gesamte Welt auf eine grundlegende Weise verändern, anstatt wenn dein Mundwinkel 2 Millimeter nach unten zeigt, wenn du nach Hause kommst.

Céline Lustig, Niederlande – Glück bei der Arbeit bedeutet für mich, von dem, was ich tue, begeistert zu sein, ein großartiges und zuverlässiges Team zu haben und das Gefühl zu haben, dass meine Arbeit zu etwas Größerem beiträgt als nur zu mir selbst. In meiner Arbeit als Happiness Expert kann ich Unternehmen dazu inspirieren, in das Wohlbefinden ihrer Mitarbeiter zu investieren, und das erfüllt mich mit Sinn. Besonders, da ich mit dem 2DAYSMOOD-Tool die Auswirkungen und den Return on Investment (ROI) der Investition messen und vorzeigen kann.

Michal Šrajer, Tschechien – Happiness at Work bedeutet für mich eine Umgebung zu schaffen, in der Menschen am Arbeitsplatz glücklich sein können. Arbeit hat einen enormen Einfluss auf unser Leben. Wir verbringen einen großen Teil unseres Lebens bei der Arbeit. Wenn es uns gelingt, eine Umgebung zu schaffen, in der Menschen am Arbeitsplatz glücklich sein können, wird sich dies positiv auf ihre Familien, Gemeinschaften und die Gesellschaft als Ganzes auswirken.

Fange bei dir selbst an. Eine unglückliche Führungskraft kann keine glückliche Arbeitsumgebung schaffen.

Oriana Tickell, Mexiko – Happiness at work bedeutet für mich Verbindung. Verbindung zu Menschen, Verbindung mit einem Sinn, Verbindung mit den gewünschten Ergebnissen und Verbindung mit den Werten der Organisation. Es macht mich glücklich zu wissen, dass ich auf meine eigene Weise einen Unterschied mache, Menschen berühre und mein eigenes Leben durch die wunderbaren, talentierten Menschen, mit denen ich arbeite, bereichert wird. Diese Menschen können meine Coaching-Klienten, Studenten, Workshop-Teilnehmer oder das Team sein, mit dem ich täglich zusammenarbeite. Es gibt für mich keine größere Zufriedenheit, als zu wissen, dass mein Beitrag, so klein er auch sein mag, für jemanden einen Unterschied gemacht hat. Das passiert, wenn ich sehen oder spüren kann, dass das Gespräch, das ich führe, einen Perspektivenwechsel bewirkt. Der Perspektivenwechsel kann für einen von uns beiden sein, indem eine neue Denkweise entsteht, die durch das Zusammenführen von Ideen und Erfahrungen zum Nutzen aller Beteiligten angeregt wird.

Vik Kumar, Vereinigtes Königreich – Stell dir vor, etwas Bedeutendes für jemanden zu tun, den du wirklich schätzt. Jemanden, mit dem du fast ein Drittel deines Lebens verbringst. Wenn sie dieses »gewisse Etwas« von dir erhalten, schätzen sie es zutiefst. Und du weißt, dass das, was du getan hast, einen echten Unterschied gemacht hat. Stell dir dieses Gefühl vor. Genau dieses Gefühl möchte ich, dass andere haben, wenn sie zur Arbeit kommen.

Tauche unter die erste Definition von Glück ein, die dir in den Sinn kommt. Denke darüber nach, welche Faktoren zu negativen Emotionen führen. Und überlege, wie du dein Wohlbefinden am Arbeitsplatz stärken könntest. Du weißt bereits, ob du glücklich bist. Aber weißt du spezifisch, woran du arbeiten kannst, um dich noch glücklicher zu machen?

12.5 Die People & Culture Role Models

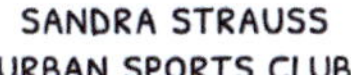

KAI-STEFFEN KNOPF
MAST-JÄGERMEISTER SE

KIKI RADICKE
ADACOR

ANNE VAN DER HEIDE
BIZZOMATE

Sandra Strauss, Chief People Officer, Urban Sports Club – Für mich bedeutet Happiness at Work, dass ich in meinem Arbeitsumfeld mit den Menschen um mich herum positiv verbunden bin und wir einen gemeinsamen Purpose haben, an dem wir arbeiten. Darüber hinaus ist es mir wichtig, in meiner Rolle einen Impact zu haben und mich persönlich und beruflich weiterentwickeln zu können. Ich habe das Glück, sagen zu können, dass ich gerade sehr happy at work bin.

> *Happiness fängt bei jedem selbst an, für sich herauszufinden, was sind meine Stärken, was motiviert mich, was sind meine Interessen, wie und wo möchte ich arbeiten etc. Wenn ich das klar habe, ist es viel einfacher, eine Beschäftigung zu finden, die mich zufrieden macht und in der ich aufgehen kann.*

Kai-Steffen Knopf, Senior Director HR Core, Mast-Jägermeister SE – Happiness at Work heißt für mich, dass ich morgens gerne zur Arbeit fahre, aber nach Ende der Arbeit auch gerne wieder nach Hause und Zeit für meine Familie habe. Denn nur, wenn beides passt, bin ich mit mir selbst im Reinen und kann auch für den Arbeitgeber mein Bestes geben. Und dieses inspirierende Gefühl habe ich bei Jägermeister.

> *Sucht Euch ein Unternehmen, das zu Eurem eigenen Wertegerüst passt. Ich bin überzeugt davon, dass Erfolg nur dann funktioniert, wenn es eine möglichst hohe Deckungsgleichheit gibt und ihr authentisch sein und bleiben könnt.*

Kiki Radicke, Head of People & Culture, Adacor Hosting GmbH – Für mich ist »Happiness at Work« ein Zustand, in dem ich sinnvolle und herausfordernde Aufgaben bearbeiten kann, die meinen Fähigkeiten entsprechen und meine persönliche Entwicklung fördern. Ich strebe danach, positive Auswirkungen auf das Unternehmen zu haben und aktiv an der Gestaltung von Themen teilzunehmen. Dazu gehört, dass ich Verantwortung übernehme und befugt bin, Entscheidungen zu treffen. Gleichzeitig ist die Anerkennung meiner Leistungen und ein unterstützendes Arbeitsumfeld von großer Bedeutung. Ein vertrauensvoller, wohlwollender und offener Umgang miteinander sowie Transparenz in Bezug auf Erwartungen sind ebenfalls wichtige Elemente für meine Zufriedenheit am Arbeitsplatz. Ich könnte mir nicht vorstellen, für ein Unternehmen zu arbeiten, dessen Vision ich nicht teile und dessen Werte nicht authentisch gelebt werden und nicht mit meinen eigenen Werten übereinstimmen.

Anne van der Heide, Happiness Officer & Partner, Bizzomate – Arbeit ist für mich ein wichtiges Element meines Lebens. Es ist eine Möglichkeit, mit Menschen zusammenzuarbeiten, selbst zu lernen, von anderen zu lernen und anderen Menschen etwas beizubringen. Ich sehe die folgenden Komponenten, die zum Glück am Arbeitsplatz beitragen: Sinnhaftigkeit, Erfüllung und Freude. Ich setze mich aktiv dafür ein, diese Elemente für mich selbst immer gut auszubalancieren. Durch meine Rolle kann ich auch auf andere Einfluss nehmen, was wiederum zu meinem eigenen Glücksgefühl beiträgt. Eine schöne Wechselwirkung.

12.6 Die Mitarbeiter der Zukunft & Generation Alpha

JASPER FEHRMANN ONNO FEHRMANN

Jasper Fehrmann, 11 Jahre – Happiness at work ist, dass du glücklich bist, wenn du arbeitest. Zum Beispiel, wenn du ein Projekt oder eine Aufgabe zu Ende bringst und deswegen total glücklich bist. Oder wenn du viel Freiheit hast, und nicht nur den ganzen Tag in einem Raum sitzt und tippen musst. Wenn ich später arbeite, hoffe ich, dass die Menschen freundlich zu mir sind und dass ich einen interessanten und guten Job habe.

Suche Dir einen Job aus, wo du viele Freiheiten hast.

Onno Fehrmann, 9 Jahre – Happiness at work ist, wenn du eine positive Bewertung für deine Arbeit erhältst und einen einfachen Tag erlebst. Wenn ich älter bin und arbeite, wünsche ich mir, dass ich nicht nur glücklich bin, sondern auch viel Geld verdiene. Ich möchte viele Mitarbeiter haben und das Unternehmen meiner Mutter übernehmen.

Wenn du glücklich bei der Arbeit sein möchtest, dann solltest du das Buch meiner Mutter lesen.

Über die Autorin

SELMA FEHRMANN

QUALIFIKATIONEN

ORGANISATIONSPSYCHOLOGIN (MSC)
FÜHRUNGSKRÄFTECOACH (GALLUP, ICF PCC)
PEOPLE & CULTURE PROFESSIONAL

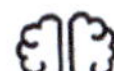

KONTAKT

SELMA.FEHRMANN@FLORITIVE.COM
+49 (0) 173 80 24 031
WWW.FLORITIVE.COM

LEISTUNGEN

COACHING, TRAINING UND BERATUNG FÜR FÜHRUNGSKRÄFTE, TEAMS UND HR

EXPERTISE

CLIFTONSTRENGTHS
POSITIVE FÜHRUNG
HAPPINESS AT WORK
KULTURWANDEL
POSITIVE KOMMUNIKATION
EMPLOYEE EXPERIENCE

SPRACHEN

DEUTSCH
ENGLISCH
NIEDERLÄNDISCH

AKTIONSWOCHE

INTERNATIONAL WEEK OF HAPPINESS AT WORK IN DEUTSCHLAND SEIT 2023

Stichwortverzeichnis

International Week of Happiness at Work

Seit 2018 wird in der letzten Septemberwoche jedes Jahr die »INTERNATIONAL WEEK OF HAPPINESS AT WORK« gefeiert. Diese Initiative wird von einer globalen Bewegung aus über 30 Ländern unterstützt. Während dieser Aktionswoche finden weltweit verschiedene Events und Initiativen statt, um Aufmerksamkeit für mehr Glück am Arbeitsplatz zu schaffen. Außerdem hat jeder die Möglichkeit, ein Manifest zu unterzeichnen. Durch die Unterschrift verpflichtet sich jeder Einzelne dazu, einen aktiven Beitrag dazu zu leisten, sich selbst, sein Team und sein Unternehmen glücklicher zu machen.

Möchtest du das Manuskript auch unterschreiben? Das kannst du hier machen:

Dank

Unternehmen, die ein Umfeld schaffen, in dem Happiness at Work gefördert wird, sind besser positioniert, um den Herausforderungen der modernen Arbeitswelt zu begegnen und nachhaltigen Erfolg zu sichern. Es war unglaublich inspirierend und motivierend, während des Schreibprozesses zu erfahren, wie viele Menschen in der DACH-Region mit derselben Mission unterwegs sind, die Arbeitswelt positiv zu gestalten. Diese Erkenntnis hat maßgeblich zu meinem eigenen Arbeitsglück beigetragen und mich stark motiviert und Hoffnung gegeben: Germany, the time is now to be radically human! ☺

Ein riesiges Dankeschön geht an dich, lieber Leser. Vielen Dank! Hoffentlich konnte ich dich inspirieren und konkrete Anhaltspunkte geben, um als Glücksbotschafter das Arbeitsglück für dich, dein Team und deine Organisation aktiv zu fördern und somit die Arbeitswelt positiv zu prägen.

Herzlichen Dank auch an die inspirierenden Experten, die an diesem Buch mitgearbeitet haben. Danke für die großartigen Gespräche und die inspirierenden Impulse. Ihr habt die Themen in diesem Buch mit Leben gefüllt und es mit vielen praktischen Ideen bereichert. Vielen Dank Ricarda Rehwaldt, Celine Lustig, Nancy Peeters, Griet Deca, Alexander Kjerulf, Aurelie Litynski, Michal Šrajer, Smaro Sideri, Kiki Radicke, Patrick Hüter, Oriana Tickell, Vik Kumar, Philipp Aye, Florian Sager, Timo Lorenz, Julia Neuen, Kai-Steffen Knopf, Björn Wind, Laura Giurge, Andreas Slotosch, Ole Wohler, Anique Hoffmann, Sandra Strauss und Anne van der Heide.

Für das Vertrauen in das wahrscheinlich nicht standardmäßige Buchprojekt – ein deutsches Buch mit einem englischen Titel, verfasst von einer Niederländerin – bin ich dem Haufe Team, insbesondere Anna Plew, Bernhard Landkammer, Mirjam Gabler und Ulrich Leinz, sehr dankbar. Die tollen Illustrationen habe ich Phuong Vu zu danken, die Zusammenarbeit auf Distanz war großartig. Es war mir eine Freude, mit euch zusammenzuarbeiten!

Ein herzliches Dankeschön auch an meine Kunden, Workshopteilnehmer, Coachees und Führungskräfte, die mich täglich inspirieren. Eure wertvollen Impulse im Alltag und unsere Zusammenarbeit haben maßgeblich zur Entstehung dieses Buchs beigetragen. Meiner Kollegin Nastasia Deininger möchte ich für ihre vielen guten Impulse und Denkanstöße im Schreibprozess danken.

Ein Shout-out und Dankeschön geht auch an meine Freunde, die mich alle auf ihre Art unterstützt, motiviert, herausgefordert, an mich geglaubt und angefeuert haben. Ihr seid die Besten! Danke für euer Verständnis für meine Priorisierung in den letzen

Monaten, liebe Emma van Proosdij, Fania Gärtner, Bianca Glang, Tialda Frölich, Tanja van Leeuwen, Rixt Stellingwerff, Silvia Hunckel, Sabine Freudenberg, Kerstin Cador und Sarah Pfleger. Lieber Christian Schmitte, danke fürs Ausleihen deines absolut inspirierenden Büros in Düsseldorf!

Zu guter Letzt: Lieber Holger, Jasper und Onno, danke, dass ihr mir den Rücken freigehalten habt, um dieses Buch zu schreiben. Lieber Holger, dein Glauben und deine Unterstützung von der Idee bis zur Manuskriptabgabe und darüber hinaus haben mich inspiriert und motiviert. Ohne dich wäre es nicht möglich gewesen, dieses Buch zu schreiben. Ich bin dir unendlich dankbar.

Herzlichst,

Selma

Herzlichen Dank für deine Bewertung! Mit deiner Bewertung motivierst du andere, dieses Buch zu entdecken und aktiv zu einer besseren Arbeitswelt beizutragen. Jetzt mit nur 1 Klick bewerten!

Literatur

Abdel-Khalek, A. M. (2006). Measuring happiness with a single-item-scale. *Social behaviour and personality: an international journal*, 34 (2), 139–150.

Aboramadan, M. and Kundi, Y.M. (2023). Emotional culture of joy and happiness at work as a facet of wellbeing: a mediation of psychological safety and relational attachment. *Personnel Review*, 52 (9), 2133–2152.

Acar, S., Tadik, H., Myers, D., Sman, C. van der & Uysal, R. (2020). Creativity and Well-being: A Meta-analysis. *Journal of creative behaviour.*

Al-Hawari, M.A., Bani-Melhem, S., & Shamsudin, F.M. (2019). Determinants of frontline employee service innovative behavior. *Management Research Review.*

Alimo-Metcalfe, B., Alban-Metcalfe, J., Bradley, M., Mariathasan, J., & Samele, C. (2008). The impact of engaging leadership on performance, attitudes to work and wellbeing at work: a longitudinal study. *Journal of health organization and management, 22 6*, 586–98.

Amoopour, M., Hemmatpour, M., Mirtaslimi, S.S., (2014). Job Satisfaction of Employee and Customer Satisfaction. *Oman Chapter of Arabian Journal of Business and Management Review.*

Badri, M.A. (2022). Exploring the Reciprocal Relationships between Happiness and Life Satisfaction of Working Adults—Evidence from Abu Dhabi. *International Journal Environmental Research and Public Health*, 19 (6).

Badri, M.A., Alkhaili, M., Aldhaheri, H., Yang, G., Albahar, M., & Alrashdi, A. (2023). The Happiness in a Digital World – The Associations of Health, Family Life, and Digitalization Perceived Challenges – Path Model for Abu Dhabi. *Journal of Social Science.*

Bassi, M., Bacher, G., Negri, L. & Delle Fave, A. (2013). The contribution of job happiness and job meaning to the well-being of workers from thriving and failing companies. Applied research in quality of life, 8(4), 427–448.

Berg, J.M., Wrzesniewski, A., Grant, A. M., Kurkoski, J., & Welle, B. (2022). Getting unstuck: The effects of growth mindsets about the self and job on happiness at work. *The Journal of applied psychology.*

Bergmann, Frithjof. New Work New Culture (2019). Work We Want and a Culture that Strengthens Us. Zero Books.

Bergmann, Frithjof (1977). On Being Free. University of Notre Dame, November.

Bundesagentur für Arbeit, Institut für Arbeitsmarkt- und Berufsforschung, Institut der deutschen Wirtschaft (2023). IW-Medien / iwd.

Cole, G.L. (2015). Why a feedback culture will transform your business. *Development and Learning in Organizations, 29*, 10–12.

Cropanzano, R.S., & Wright, T.A. (2001). When a »happy« worker is really a »productive« worker: A review and further refinement of the happy-productive worker thesis. *Consulting Psychology Journal: Practice and Research, 53*, 182–199.

Csikszentmihályi, M. (2004). Good business: Leadership, flow, and the making of meaning. New York: Penguin Books.

Daniel, G. (2018). What Makes a Leader? *Contemporary Issues in Leadership.*

Diener, E. & Biswas-Diener, R. (2008). *Happiness: Unlocking the mysteries of psychological wealth.* Malden, MA: Blackwell Publishing.

Diener, E. & Seligman, M. E. (2004). Beyond money: Toward an economy of well-being. *Psychological Science in the public interest*, 5 (1), 1–31.

Diener, E. (2000). Subjective well-being: The science of happiness and a proposal for a national index. *American Psychologist, 55*(1), 34–43.

Diener, E. and Tay, L. (2013). A Scientific Review of the Remarkable Benefits of Happiness for Successful and Healthy Living. Chapter 6.

Dilakshini, V. L. & Kumar, S. M. (2019). Fun Culture in the Work Place: A Systematic Review. *Journal of Economics, Management and Trade*, 1–7.

Dolbier, C.L., Soderstrom, M., & Steinhardt, M.A. (2001). The Relationships Between Self-Leadership and Enhanced Psychological, Health, and Work Outcomes. *The Journal of Psychology, 135*, 469–485.

Dweck, C. (2003). Mindset: The new psychology of success. How we can learn to fulfill our potential. New York, Ballantine books.

Ebner, M. (2019). Positive Leadership: Erfolgreich führen mit PERMA-Lead: die fünf Schlüssel zur High Performance. Facultas Wien.

Edmondson, A.C. (1999). Psychological Safety and Learning Behavior in Work Teams. *Administrative Science Quarterly*, *44*(2), 350–383.

Edmondson, A.C. (2018). The fearless organization. Creating psychological safety in the workplace for learning, innovation and growth. Wiley.

Elayan, M.B., Albalawi, A.S., Shalan, H. M., Al-Hoorie, A.H., & Shamout, M.D. (2023). Perceived Manager's Emotional Intelligence and Happiness at Work: The Mediating Role of Job Satisfaction and Affective Organizational Commitment. *Organizacija, 56*, 18–31.

Else Ouweneel, Wilmar Schaufeli, Pascale Le Blanc (2009). Van Preventie naar amplitie: interventies voor optimaal functioneren. *Gedrag & organisatie 22 (2).*

Evans, T.R., & Dobrosielska, A. (2019). Feedback-seeking culture moderates the relationship between positive feedback and task performance. *Current Psychology*, 1-8.

Fernández, J.L.F., Gamez, M.A. F.; Aragón, N.D.Q.; Gil, A.C. (2017). Happiness at work, business behaviour, and worker perceptions: A case study. Ramon Llull Journal_08.

Ficarra, L.R., Rubino, M.J., & Morote, E. (2020). Does Organizational Culture Affect Employee Happiness? *Journal for Leadership and Instruction*, 38-47

Fisher, C.D. (2010). Happiness at work. *British academy of management*, 12 (4), 348–412.

Fisher, C.D. (2010). Happiness at work. *International Journal of Management Review*, 12 (4), 384-412.

Folkman, S. (2008). The case for positive emotions in the stress process. *Anxiety, Stress, & Coping, 21*, 14-3.

Fredrickson, B.L. (1998). What Good Are Positive Emotions? *Review of General Psychology, 2*, 300–319.

Fredrickson, B.L. (2009). Positivity. Harmony/Rodale.

Fredrickson, B.L., & Joiner, T.E. (2002). Positive Emotions Trigger Upward Spirals Toward Emotional Well-Being. *Psychological Science, 13*, 172–175.

Fujita, F. & Diener, E. (2005). Life satisfaction set point: stability and change. *Journal of personality and social psychology*, 88 (1), 158.

Gallup (2015). State of the American Manager. Analytics and advice for leaders.

Garg, N., Mahipalan, M., Poulose, S., & Burgess, J.T. (2022). Does Gratitude Ensure Workplace Happiness Among University Teachers? Examining the Role of Social and Psychological Capital and Spiritual Climate. *Frontiers in Psychology, 13.*

Gerster, F., Dietz, M., Pfeiffer, U., Schneider, H. & Brändle, M. (2008). Arbeitswelt 2030. *Managerkreis der Friedrich Ebert Stiftung.*

Giurge, L.M., & Bohns, V.K. (2021). You Don't Need to Answer Right Away! Receivers Overestimate How Quickly Senders Expect Responses to Non-Urgent Work Emails. *Organizational Behavior and Human Decision Processes, 167*, 114–128.

Giurge, L.M. & Bohns, V.K. (2021). The curse of off-hours email. *The Wall Street Journal.*

Giurge, L.M. & Woolley, K. (2022). Research: Flexible work can dampen motivation. *Harvard Business Review.*

Giurge, L.M., & Woolley, K. (2022). Working during non-standard work time undermines intrinsic motivation. *Organizational Behavior and Human Decision Processes.*

Golparvar, M., & Abedini, H. (2014). A comprehensive study on the relationship between meaning and spirituality at work with job happiness, positive affect and job satisfaction. *Management Science Letters, 4*, 255–268.

Goodman, W. (2022). Toxic Positivity. Keeping it real in a world obsessed with being happy. Penguin Random House.

Grandey, A.A., Goldberg, L. S., & Pugh, S. D. (2011). Why and when do stores with satisfied employees have satisfied customers?: The roles of responsiveness and store busyness. *Journal of Service Research*, 14(4), 397–409.

Haar, J. (2019). The role of Relationships at work and happiness: A moderated mediation study of New Zealand Managers.

Haar, J.M., Schmitz, A., Di Fabio, A., & Daellenbach, U. (2019). The Role of Relationships at Work and Happiness: A Moderated Moderated Mediation Study of New Zealand Managers. Sustainability.

Haar, J., Schmitz, A., Di Fabio, A. & Daellenbach, U. (2019). The Role of Relationships at Work and Happiness: A Moderated Moderated Mediation Study of New Zealand Managers. *Sustainability*, *11*(12), 3443.

Hanson-Rasmussen, N., Lauver, K.J., & Lester, S.W. (2014). Business Student Perceptions of Environmental Sustainability: Examining the Job Search Implications. *Journal of Managerial Issues, 26*, 174.

Happiest Workers: https://www.utilitybidder.co.uk/compare-business-energy/countries-with-the-happiest-workers/ (abgerufen am 14.02.2024)

Herr, R. M., Brokmeier, L., Baron, B. N., Mauss, D., & Fischer, J. E. (2023). The longitudinal directional associations of meaningful work with mental well-being–initial findings from an exploratory investigation. BMC psychology, 11(1), 1–7.

Hofstede, Geert (1984). *Culture's Consequences: International Differences in Work-Related Values* (2nd ed.). Beverly Hills CA: SAGE Publications

Hofstede, Geert (2001). *Culture's Consequences: comparing values, behaviors, institutions, and organizations across nations* (2nd ed.). Thousand Oaks, CA: SAGE Publications.

Hoxsey, D. (2010). Are happy employees healthy employees? Researching the effects of employee engagement on absenteeism. *Canadian public administration: Administration publique du Canada, 53 4,* 551–571.

IAB, Institut für Arbeitsmarkt- und Berufsforschung. IAB-Stellenerhebung. https://iab.de (abgerufen am 14.02.2024)

Irma, A., Negara, S., Helmi, M.F., Wijaya, A.T., & Madistriyatno, H. (2023). How Important Psychological Safety is in Supporting Strategic Management to Achieve Success: A Narrative Literature Review. *Open Access Indonesia Journal of Social Sciences.*

Ishida, R. (2012). Purpose in life (Ikigai), a frontal lobe function, is a natural. Psychology, 3(03), 272.

Jebb, A. T., Tay, L., Diener, E., & Oishi, S. (2018). Happiness, income satiation and turning points around the world. *Nature Human Behaviour, 2*(1), 33–38.

Kahneman, D. & Deaton, A. (2010). High income improves evaluation of life but not emotional well-being, Proceedings of the national academy of sciences, 107(38), 16489–16493.

Kasser, T., Koestner, R. & Lekes, N. (2022). Early Family Experiences and Adult Values: A 26-Year, Prospective Longitudinal Study. *Personality and Social Psychology Bulletin*, 28 (6).

khalijian, S., Shams, G., Pardakhtchi, M. H., & Mirkamali, S. M. (2018). A Study of the Relationship Between Secure Base Leadership and Schools' Staff Happiness: Mediating Role of Psychological Safety. *School Administration, 5*(2), 1–21.

Killingsworth, M.A. & Gilbert, D.T. (2010). A wandering mind is an unhappy mind. Science, 330 (6006), 932–932.

Klein, Claudia (2020): Jede Generation hat eigene Werte. In: physiopraxis. 18 (01). Stuttgard – New York: Georg Thieme Verlag.

Kondratowicz, B., & Dorota Godlewska-, W. (2022). Growth mindset and life and job satisfaction: the mediatory role of stress and self-efficacy. *Health Psychology Report, 11*, 98–107.

Korn Ferry DEI Consultants: www.kornferry.com (abgerufen am 14.02.2024)

Kundi, Y. M., Soomro, S. A. & Kamran, M. (2021). Does social support at work enhance subjective career success? The mediating role of relational attachment. *International Journal of Organizational Analysis, 30*(6), 1491–1507.

Kurdi, B.H., Alshurideh, M.T., & Alnaser, A.S. (2020). The impact of employee satisfaction on customer satisfaction: Theoretical and empirical underpinning. *Management Science Letters, 10*, 3561–3570.

Kushlev, K., Heintzelman, S. J., Lutes, L. D., Wirtz, D., Kanippayoor, J. M., Leitner, D. & Diener, E. (2020). Does happiness improve health? Evidence from a randomized controlled trial. *Psychological Science*, 31, 807–821.

London, M., & Smither, J.W. (2002). Feedback orientation, feedback culture, and the longitudinal performance management process. *Human Resource Management Review, 12*, 81–100.

Lopes, P.N., Grewal, D., Kadis, J., Gall, M., & Salovey, P. (2006). Evidence that emotional intelligence is related to job performance and affect and attitudes at work. *Psicothema, 18,* 132–138.

Lyubomirsky, S., King, L. and Diener, E. (2005). The Benefits of Frequent Positive Affect: Does Happiness Lead to Success? *Psychological Bulletin*, Vol. 131, No. 6, 803–855.

Lyubormirksky, S. (2001). Why are some people happier than others? The role of cognitive and motivations processes in well-being. *American Psychologist*, 56, S. 239–249.

Lyubormirksky, S. (2008). The how of happiness: A scientific approach to getting the life you want. United Kingdom: Penguin Press.

Mahipalan, M., & S., S. (2019). Workplace Spirituality and Subjective Happiness Among High School Teachers: Gratitude As A Moderator. *The Journal of Science and Healing, 15,* 107–114.

Maj, J., & Kasperek, N. (2020). The Influence of Corporate Social Responsibility on the Attractiveness of Employers in the Perception of Generation Z. *Contemporary organisation and management. Challenges and trends.*

Martínez-Sánchez, Á., Pérez-Pérez, M., Vela-Jimenez, M., & Abella-Garcés, S. (2018). Job satisfaction and work–family policies through work-family enrichment. *Journal of Managerial Psychology.*

McKnight, P.E. & Kashdan, T.B. (2009). Purpose in life as a system that creates and sustains health and well-being: An integrative, testable theory. Review of General Psychology, 13 (3), 242–251.

Mehrabian, A., & Ferris, S. (1967). Inference of attitudes from nonverbal communication in two channels. *Journal of consulting psychology, 31 3,* 248–252.

Meyer, E. (2016). The Culture Map: Decoding How People Think, Lead, and Get Things Done Across Cultures.

Meyer, J.P., Allen, N.J. & Smith, C.A. (1993). Commitment to organizations and occupations: Extension and test of a three-component conceptualization. *Journal of applied psychology,* 78 (4), 538.

Meyer, J.P., Allen, N.J. (1991). A three-component conceptualization of organizational commitment. Human resource management review 1 (1), 61-89.

Mitterer, D.M., & Mitterer, H.E. (2023). The Mediating Effect of Trust on Psychological Safety and Job Satisfaction. *Journal of Behavioral and Applied Management.*

Morgan (2017). The employee Experience Advantage. Wiley.

Mühlfeit, J. & Costi, M. (2016). The Positive Leader: How Energy and Happiness Fuel Top-performing Teams. FT Publishing International.

Muñiz-Velázquez, J.A., & Álvarez-Nobell, A. (2013). Comunicación positiva: la comunicación organizacional al servicio de la felicidad. *Revista de Comunicación Vivat Academia,* 15 (124), 90–109.

Naseem, A., Sheikh, S.E., & Gphr, P.K. (2011). Impact of Employee Satisfaction on Success of Organization: Relation between Customer Experience and Employee Satisfaction.

Neve, J., & Ward, G. (2017). Happiness at work. *LSE Research Online Documents on Economics.*

Neve, J.-E. de, Ward, G.W. (2017). Happiness at Work. *Said Business School Research Paper.*

NurAiniAfanin (2022). The determent factors of happiness at work on employees: meta-analysis study. American Journal of Multidisciplinary Research & Development, 4 (2), 13–20.

Olynick, J. & Li, H. Z. (2020). Organizational Culture and Its Relationship with Employee Stress, Enjoyment of Work and Productivity. *International Journal of Psychological Studies, 12*(2), 14.

Oswald, A.J., Proto, E., & Sgroi, D. (2015). Happiness and Productivity. *Journal of Labor Economics, 33,* 789–822.

Pal, B. (2019). What makes up happy workplaces? *ACADEMICIA: An International Multidisciplinary Research Journal.*

Patel, A. & Plowman, S. (2022). The increasing importance of a best friend at work. Gallup: https://www.gallup.com/workplace/397058/increasing-importance-best-friend-work.aspx (abgerufen am 14.02.2024)

Poursardar, F., Sangari, A., Alboukurdi, S. (2012). The Effect of Happiness on Mental Health and Life Satisfaction.

Prof. Christian Scholz veröffentlicht in seinem Blog »Per Anhalter durch die Arbeitswelt!« oder seinem Buch »Generation Z: Wie sie tickt, was sie verändert und warum sie uns alle ansteckt« (erschienen im Wiley-VCH Verlag, ISBN-13: 978-3527508075)

Pryce-Jones, J. & Lutterbie, S. (2010). Why leveraging the science of happiness at work matters: The happy and productive employee. *Assessment and Development Matters, 2* (4), -8.

Ramdas, S.K. & Patrick, H.A. (2019). Positive Leadership Behaviour and Flourishing: The Mediating Role of Trust in Information Technology Organizations. *South Asian Journal of Human Resources Management. 6.* 258–277.

Rath, T. (2007). Strengths Finder 2.0. New York, Gallup Press.

Rath, T. (2008). Strengths based Leadership. New York, Gallup Press.

Rehwaldt, R. (2017). Die glückliche Organisation – Chancen und Hürden für positive Psychologie in Unternehmen. Heidelberg: Springer.

Rehwaldt, R. (2017). Die glückliche Organisation. Chanden und Hürden für positive Psychologie im Unternehmen. Springer Gabler.

Rosenberg, L. (2010). Transforming leadership: reflective practice and the enhancement of happiness. *Reflective Practice, 11,* 18–19.

Russell, J.A., & Pratt, G. (1980). A Description of the Affective Quality Attributed to Environments. *Journal of Personality and Social Psychology, 38,* 311–322.

Safiah Omar, S. Jayasingam, R. A. Bakar (2019). Does positive organisational behaviour and career commitment lead to work happiness. *International Journal of Business Excellence.*

Salas-Vallina, A., & Alegre, J. (2018). Unselfish leaders? Understanding the role of altruistic leadership and organizational learning on happiness at work (HAW). *Leadership & Organization Development Journal, 39*(5), 633–649.

Salazar, C.F. (2021). Happiness at Work Through Recognition and Reward Programs.

Santhanam, N. & Srinivas, S. (2019). Modeling the impact of employee engagement and happiness on burnout and turnover intention among blue-collar workers at a manufacturing company. *Benchmarking: An International Journal*, 27 (2).

Schneider, H. (2023). Fachkräftemangel im Spiegel von Demographie, gesellschaftlichem Wandel und globaler Wettbewerbsfähigkeit. *Forschungsinstitut zur Zukunft der Arbeit (IZA)*, Universität Luxemburg.

Schutte, N.S., & Loi, N.M. (2014). Connections between emotional intelligence and workplace flourishing. *Personality and Individual Differences, 66*, 134-139.

Scott, D.E. (2008). Happiness at work. *Tennessee nurse, 71 4*, 11.

Seligman, M. E. P. (1998). Learned optimism. New York: Pocket Books.

Seligman, M. E.P. (2011). Flourish: A visionary new understanding of happiness and well-being. Simon and Schuster.

Seligman, M. E. P., & Csikszentmihályi, M. (2000). Positive psychology: An introduction. *American Psychologist, 55*(1), 5–14.

Shannon, C.E. (1948). A mathematical theory of communication. *Bell Syst. Tech. J., 27*, 623–656.

Sheldon, K.M., & Lyubomirsky, S. (2007). Is It Possible to Become Happier? (And If So, How?). *Social and Personality Psychology Compass, 1*, 129–145.

Sherman, A. & Shavit, T. (2003). Don't be Lazy! Effort as a Pivotal Element for Present and Future Well-being. *Journal of Happiness Studies.*

Siregar, Z.M., Marihot, M., & Lubis, I. (2023). Does Reward System Effect Employee Job Satisfaction: Evidence from Public Sector. *International Journal of Business, Technology and Organizational Behavior (IJBTOB).*

Son, S., Park, J., & Suh, K. (2015). Relationships between Gratitude Disposition, Subjective Well-being, and Feeling of Happiness among Female Workers: Focused on Mediating Effects of Job Attitude. *THE KOREAN JOURNAL OF STRESS RESEARCH, 23*, 215–223.

Spreitzer, G. and Porath, C. (2012) Creating Sustainable Performance. *Harvard Business Review*, 90, 92–99. (125 % burnout)

Stankevičiūtė, Ž., Staniškienė, E., & Ramanauskaitė, J. (2021). The Impact of Job Insecurity on Employee Happiness at Work: A Case of Robotised Production Line Operators in Furniture Industry in Lithuania. *Sustainability.*

Su-yu, B. (2009). An Overview of Happiness in the Workplace. *Economic Management Journal.*

Tombaugh, J.R. (2005). Positive leadership yields performance and profitability. *Development and Learning in Organizations, 19*, 15–17.

Torrey, C.L. & Duffy, R.D. (2012). Calling and well-being among adults: Differential relations by employment status. Journal of Career Assessment, 20(4), 415–425.

Tugade, M.M., Devlin, H.C., & Fredrickson, B.L. (2020). Positive Emotions. *The Oxford Handbook of Positive Psychology, 3rd Edition.*

Valentine, S., Godkin, L., Fleischman, G.M. *et al.* (2011). Corporate Ethical Values, Group Creativity, Job Satisfaction and Turnover Intention: The Impact of Work Context on Work Response. *Journal of Business Ethics* 98, 353–372.

Veenhoven, R. (2017). Happiness Research: Past and future. *The Senshu Social Well-being Review*, No. 4, 65–73.

Veenhoven, R. HAPPINESS: Also known as ‹life-satisfaction' and ‹subjective well-being‹. Erasmus University, Rotterdam. In: Land, K.C; Michalos, A.C. and Sirgy, M.J. (Eds.) Handbook of Social Indicators and Quality of Life Research (2012). Netherlands: Springer Publishers, 63–77.

Waal, A. de, (2018). Increasing organisational attractiveness: The role of the HPO and happiness at work frameworks. *Journal of Organizational Effectiveness: People and Performance.*

Waldinger, R. & Schulz, M. (2023). The good life: Lessons from the World's longest Study on Happiness.

Watzlawick, P., Beavin, J.H. & Jackson, D.D. (2017). Menschliche Kommunikation. Formen, Störungen, Paradoxien. Hogrefe.

Weissman, M.M.; Wickramaratne, P.; Greenwald, S. (1992). The Changing Rate of Major Depression. Cross-National Comparisons. Cross-National Collaborative Group. *Cross-national comparisons.* JAMA, 268 (21), 3098–3105.

Werdecker, L., Esch, T. (2021). Burnout, satisfaction and happiness among German general practitioners (GPs): A cross-sectional survey on health resources and stressors. *PLOS ONE.*

World Happiness Report, 2023 https://worldhappiness.report/about/

Wright, T. A., & Bonett, D. G. (2007). Job Satisfaction and Psychological Well-Being as Non-additive Predictors of Workplace Turnover. *Journal of Management*, 33(2), 141–160.

Wright, T. A., Cropanzano, R., & Bonett, D. G. (2007). The moderating role of employee positive well-being on the relation between job satisfaction and job performance. *Journal of Occupational Health Psychology, 12*(2), 93–104.

Yuna Heo, Y., Hou, F., S. Park (2018). Happiness and Innovation around the World. *Psychology of Innovation eJournal.*

Zakery, M., Esmaeli, Z., Rahimian, M. (2020). The role of workplace happiness and vitality on organizational attractiveness considering the mediating role of job engagement. *Journal of Business Management*, 12, 45, 1

Zhou, J., & George, J. M. (2001). When Job Dissatisfaction Leads to Creativity: Encouraging the Expression of Voice. *Academy of Management Journal, 44*, 682–696.

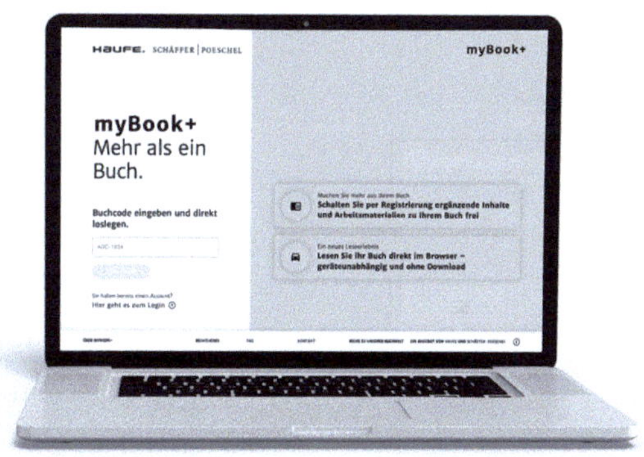

Ihre Online-Inhalte zum Buch: Exklusiv für Buchkäuferinnen und Buchkäufer!

- https://mybookplus.de
- Buchcode: **JSU-63036**

PI1 378 4935
9824282